全国电力行业"十四五"规划教材

校企合作编写

U0643230

RPA 基础及
电力行业应用

主　编　潘　华　邵旭威

副主编　潘仙友　刘　畅　叶静娴

参　编　邹　鹰　宋　欣　谭思怡
　　　　葛军萍　吴建锋

中国电力出版社
CHINA ELECTRIC POWER PRESS

内 容 提 要

本书为全国电力行业"十四五"规划教材，上海电力大学"十四五"规划教材，校企合作编写。

本书内容全面、实例丰富、通俗易懂，系统介绍了 RPA 技术在电力行业中的应用。从 RPA 的基本概念出发，逐步深入探讨其功能与特点，并详细讲解了 UiBot Creator 的安装与使用方法。书中涵盖了数据处理、抓取、分析等实用领域的内容，并通过真实的电力行业展示了 RPA 技术在企业优化流程中的实际应用价值。全书共 8 章，第 3～8 章通过案例实战并辅以图文的形式给予说明。书中的实例大部分来源于电力公司实际工作场景，希望能够帮助读者建立扎实的理论基础，提升技能水平，培养创新思维，优化工作流程。

本书定位于 RPA 电力行业机器人的入门级教程，以实用性、可操作性为导向，适用于各层次读者，包括本科生、研究生、各级管理人员、工程技术人员和高层决策者等。

图书在版编目（CIP）数据

RPA 基础及电力行业应用 / 潘华，邵旭威主编；潘仙友，刘畅，叶静娴副主编 . -- 北京：中国电力出版社，2025. 4. -- ISBN 978-7-5198-9599-0

Ⅰ. TM-39

中国国家版本馆 CIP 数据核字第 2025UH4360 号

出版发行：中国电力出版社
地　　址：北京市东城区北京站西街 19 号（邮政编码 100005）
网　　址：http://www.cepp.sgcc.com.cn
责任编辑：罗晓莉
责任校对：黄　蓓　常燕昆
装帧设计：郝晓燕
责任印制：吴　迪

印　　刷：北京天泽润科贸有限公司
版　　次：2025 年 4 月第一版
印　　次：2025 年 4 月北京第一次印刷
开　　本：787 毫米×1092 毫米　16 开本
印　　张：9
字　　数：255 千字
定　　价：36.00 元

前　　言

电力行业作为国家重要的基础产业之一，承载着供应能源、保障民生、促进经济发展的重要使命。随着人工智能等新兴技术的飞速发展，电力行业处于管理创新变革的关键时期，智能化、自动化已经成为其管理转型升级的重要特征。全面贯彻党的二十大精神，以数字赋能企业高质量发展，推动新时代国家电网有限公司改革再出发，建设世界一流能源互联网企业，已成为电力行业的当务之急。

机器人流程自动化（Robotic Process Automation，RPA）技术的出现为电网企业探索以数智驱动开启新的增长之道带来了新的解决方案。在全面落实企业数字化转型的浪潮中，电网企业通过实施大量的试验性方案，已经基本认可了RPA技术在生产管理环节中带来的显著成效。流程自动化改造将是帮助电网企业降本增效，加强系统全天候安全防范的核心举措。

本书由上海电力大学联合国网浙江省电力有限公司金华供电公司共同编写。本书首先系统阐述了RPA的概念、起源与发展历程，深入探讨了RPA的功能与特点，进一步分析了RPA在电力行业的应用概况、应用实例以及未来发展前景；其次，本书围绕电网企业业务流程特征，结合Excel数据处理自动化、E-mail人机交互自动化、Web操作和数据爬取技术等典型RPA技术的功能和特点，设计和实现了电网企业日常运营中典型业务场景的RPA机器人实例。具体内容涵盖电网企业物料到货款数据处理、工程物资辅助申报、能源市场政策监测、采购数据分析、邮件自动发送等多个实用领域，并基于积压物资清单综合案例的开发，介绍了RPA技术的应用逻辑。基于大量典型的实战案例分析，本书能为能源电力行业相关专业的本科生和研究生、行业和企业各级管理人员、工程技术人员和高层决策者等提供丰富的操作指导和应用实践。

本书由潘华、邵旭威担任主编，进行最终统稿，潘仙友、刘畅、叶静娴担任副主编，邹鹰、宋欣、谭思怡、葛军萍、吴建锋参与编写，由华电集团上海分公司高级工程师范方担任主审。在编写本书的过程中，汇集了众多专业人士的智慧与经验，我们力求将复杂的内容以通俗易懂的方式呈现给读者，但难免会有疏漏之处，我们诚挚期待读者的批评与建议，帮助我们不断完善与提升。

最后，特别感谢所有参与本书创作的专家学者们，他们的辛勤劳动与专业贡献使本书得以成功完成。希望本书能成为电力行业信息化领域的重要参考，助力电力企业迈向智能化、高效化的发展道路。

祝愿各位读者阅读愉快，收获满满！

编者

2024年11月

目　　录

第 1 章   RPA 概述

在日常生活中，我们经常遇到一些重复、烦琐的任务，如填写表格、处理数据、发送电子邮件等。这些任务不仅需要花费大量时间和精力，还容易出现人为错误。那么，有没有一种方法可以解放我们，让我们可以将更多时间和精力用于更有意义的事情呢？

答案是肯定的，就是机器人流程自动化（Robotic Process Automation，RPA）。RPA 技术可以自动化人类的操作，通过模拟人类的操作行为来完成各类重复性任务。这些"机器人"可以在计算机系统中运行，按照预定的操作步骤准确无误地执行任务。

想象一下，作为一名销售人员，每天需要将客户的订单信息录入系统。每个订单都要打开电子表格，填写客户姓名、产品信息、数量等，然后保存并提交。这个过程不仅耗费大量时间和精力，而且容易出错。但是，如果运用 RPA 技术编写一个 RPA 任务，就可以让机器人代替你完成。机器人能够自动打开电子表格，提取订单信息，并将其准确填写至系统，而无须你亲自进行操作。这样一来，你便能将更多时间用于与客户沟通、制定销售策划等更为重要的工作，可以大大提高工作效率。

RPA 技术不仅在商业领域广泛应用，还在银行、保险、医疗等行业中发挥着重要作用。借助 RPA 技术，可以实现工作自动化和流程优化，提高工作效率和准确性。大约在 2017 年，以四大会计事务所为主流的关于 RPA 将颠覆财务工作的文章备受关注，自此开启了 RPA 在中国的飞速发展之路。2019 年 RPA 市场开始出现井喷式增长，截至 2020 年，据 RPA 中国资讯的专家团队调研统计，国内 RPA 市场规模已达 18 亿元，成为亚太地区应用 RPA 增长速度最快的国家。

中国的电网企业有着最具前瞻性的视野，建成了世界上最先进的特高压输电网络，部署了最先进的运营和管理系统。随着内部和外部系统的大量使用，产生了海量的数据，这使得系统间的衔接工作变得尤为重要。如何在提升管理效率和员工工作强度增大中寻求平衡，如何在提升工作满意度的同时提升工作效率，将是数字化产业面临的新挑战。RPA 的出现为这一困境带来了新的解决方案，目前已有电网企业通过实施大量试验性方案，基本认可了 RPA 技术在生产管理环节中所带来的显著改善，流程自动化改造将是帮助企业提升效率、减少大量重复性劳动的核心变革，也会成为企业降本增效的得力助手。未来我国电网企业可充分发挥 RPA 带来的优势，巩固我国电网行业在世界范围的领先地位，为人类社会的发展进步提供保障。

本书将带领读者深入了解 RPA 的基本概念、原理和应用等，帮助读者运用 RPA 技术改善业务流程，为职业发展增添新的技能和竞争力。

1.1   RPA 的定义

在过去的一段时间里，对于 RPA 是什么，各类研究机构、公司根据其特征及价值给出了不同的定义。

电气与电子工程师协会（IEEE）认为，RPA 通过软件技术来预定业务规则以及活动编排过程，利用一个和多个互不相连的软件系统协作来完成一组流程活动、交易和任务，同时需要人工对异常情况进行一些管理来保证最后的交付结果与服务。

机器人流程自动化与人工智能协会（IRPAAI）认为，RPA 是一种技术应用模式，使机器人软件或机器人能够捕获并解释现有的应用信息，从而能够处理事务、操作数据、触发响应，以及与其他数字化系统进行通信。

高德纳（Gartner）认为，RPA 整合了用户界面识别和工作流执行的能力，它能够模仿人工操作计算机的过程，利用模拟鼠标和键盘来驱动和执行应用系统。有时候它被设计成应用到应用之间的自动化处理。

国际商业机器公司（IBM）认为，RPA 是利用软件来执行业务流程的一组技术，按照人类的执行规则和操作过程来执行同样的流程。RPA 技术可以降低工作中的人力投入，避免人为的操作错误，大大降低处理时间，从而使人类可以转换到更高阶的工作环境中。

麦肯锡（McKinsey&Company）认为，RPA 是一种可以在流程中模拟人类操作的软件，比人类更快捷、精准，可以不知疲倦地替代性重复性工作，使人们投入更加需要人类能力的工作中。

德勤（Deloitte Touche Tohmatsu，DTT）认为，RPA 是一款能够将手工工作自动化的机器人软件，它代替人工在用户界面完成高重复、标准化、规则明确、大批量的日常事务操作。

安永（Ernst&Young，EY）认为，RPA 是一项允许公司员工通过配置计算机软件或机器人抓取、解析现有的应用程序来处理事务、操纵数据、触发响应并与其他数字系统通信的技术应用。企业可实现 RPA 的基本流程应具备 3 个关键特征：操作一致、重复执行相同的步骤；模板化驱动，数据以重复的方式输入特定的字段中；基于标准规则操作，允许决策动态大幅度改变。

普华永道（Pricewaterhouse Coopers，PwC）认为，RPA 又可以称为"Digital Labor"，即"数字劳动力"。它是一种智能化软件，通过模拟并增强人类与计算机的交互过程，实现工作流程中的自动化。RPA 具有对企业现有系统影响小、基本不编码、实施周期短、对非技术的业务人员友好等特性。

毕马威（KPMG）认为，RPA 可以定义为 A1、机器学习等认知技术在业务自动化中的灵活使用，可以是针对重复性工作的自动化以及高度智能处理的自动化。RPA 是数字化的支持性工具，可以替代在此之前认为只有人类才可以完成的工作，或者在高强度的工作中作为人工的补充，是企业组织中出现的新概念劳动力。

阿里云认为，RPA 是一款新型工作流程自动化办公机器人软件，通过模拟人工操作实现自动处理流程。它可以将办公人员从每日的重复工作中解放出来，提高生产效率。具体而言，阿里云 RPA 是基于智能机器人和人工智能的新型办公业务流程自动化产品。

来也认为，RPA 是一种软件或平台，根据预先设定的程序，通过模拟并增强人类与计算机的交互过程，执行基于一定规则的大批量、可重复性任务，实现工作流程中的自动化。

达观认为，RPA 本质上是一种能按特定指令完成工作的软件，它通过特定的、可以模拟人类在计算机界面上进行操作的技术，按规则自动执行相应的流程任务，代替或辅助人类完成相关的计算机操作。

　　综合以上观点，对于 RPA 的理解需要把握三个要点：第一，RPA 是一种软件技术，而非实体机器人。RPA 技术综合应用多种信息技术，如屏幕抓取、业务流程自动化、可视化编程，尤其是人工智能技术等，模拟与增强人机交互，实现自动化计算、数据存储和业务操作。第二，RPA 技术是一种基于明确规则、模拟人类去完成重复性工作的技术。RPA 按照人类预定的规则与操作过程模拟人类与计算机的交互，执行工作任务，完成工作流程，对于那些大批量单一、烦琐的重复性工作尤其适合。第三、RPA 是一种数字劳动力，它与人类员工协同完成工作，形成人机协同新生态。RPA 将人类从高强度的、简单、重复性工作中解放出来，从而使我们有更多的时间与精力从事更需要智慧的工作，有利于降低人工操作风险、提升企业运作效率、提高员工的工作满意度。本书认为，RPA 是一种软件自动化技术。它利用和融合屏幕抓取、业务流程自动化、可视化编程、人工智能等多种信息技术，按照事先规定的流程，模拟人类与计算机的交互，协助人类完成大批量、简单、烦琐的重复性工作任务，实现工作流程自动化以及人机高效协同。

1.2　RPA 的起源与发展

　　RPA 的起源可以追溯到工业革命时期的自动化概念。随着机械化和工业化的兴起，人们意识到使用机器来代替人力可以提高效率和生产力。这促使了自动化技术的发展，其中包括使用机械装置和控制系统来执行任务。随着计算机的出现，人们开始意识到计算机在自动化领域的巨大潜力。早期的自动化软件程序主要基于预定的规则和逻辑，其灵活性和适应性有限。随着时间的推移，宏和脚本技术在计算机软件中得到广泛应用，为自动化任务提供了更大的灵活性。RPA 的现代概念在 21 世纪初开始出现。一些公司开始尝试使用类似宏和脚本的技术来自动化其业务流程中的特定任务。随着技术的发展和更强大的软件工具的出现，RPA 逐渐成为一种更成熟和广泛应用的技术。近年来，随着大数据、云计算、人工智能和机器学习等技术的快速发展，RPA 得到了更多的关注和应用。这些技术为 RPA 带来了更强大的计算和存储能力、更智能的决策支持以及更高的适应性和学习能力。

　　下面从人类在机器人技术与计算机技术的探索中，来找寻 RPA 的起源与发展历程。

1.2.1　RPA 的起源

1. 宏与自动化脚本

　　办公自动化最早在 20 世纪 50 年代的美国和日本兴起，其诞生主旨是为了解决企业低下的生产效率无法应对办公业务量急剧增加的问题，它的基本任务是利用先进的计算机及网络技术，使人们可以借助各种硬软件设备处理一部分办公业务，提高办公业务的处理效率和质量，方便管理和决策。Microsoft office 就是非常典型的办公自动化软件，基于 Office 的宏语言（Macro）属于办公自动化工具的一种，业务人员能够通过录制宏重现一系列业务操作，可以将它看作早期的业务流程自动化技术。

　　"宏"这一名词在很多情况下意味着将小命令或动作转换成一系列让计算机自动执行的指令，使日常工作变得更加容易。可以将宏的思路沿用到应用程序中，即用户对应用程序执行一系列操作，然后让应用程序"记住"这些操作和顺序，从而使一系列复杂的任务自动执行。微软最早在 1994 年推出的 Excel 中集成了"宏"功能，是为了让用户在使用 Excel 进行数据处理工作时，避免一再地重复相同的动作而设计出来的一种流程自动化工具。用户首先使用录制功能记录要完成的业务流程，然后它利用简单的语法，把常用的动作写成宏，用户在工作时，就可以直接利用事先编好的宏自动运行，去完成某项特定的任务，而不必再重复相同的动作。这样做的目的是让用户文档中的一些任务自动化。类似的录制功能还被沿用在 RPA 工具中。

自动化脚本技术扩展了宏的能力，为 RPA 的进一步发展提供了更大的灵活性和可定制性。脚本是一种编程语言，通过编写一系列指令来自动化特定操作。与宏相比，脚本具有更高级的逻辑和条件判断能力，使得它们可以处理更复杂的任务并适应变化的环境。自动化脚本的引入为 RPA 的实践提供了更广泛的应用领域，使得企业能够自动化业务流程中的各个环节，并实现更高程度的自动化。

在专门用于开发流程机器人的 RPA 工具诞生之前，开发人员用以实现业务流程自动化的工具主要是宏与自动化脚本。这两者到现在在必要情况下仍然会应用于业务流程自动化方案中。例如，某个业务需要在 Excel 中处理数据，此时"宏"就是一个比较不错的业务流程自动化选择。

2. 业务流程自动化

20 世纪 70 年代，广大企业开始积极引进信息技术，推动管理信息系统的应用与普及，企业管理自动化由此兴起。20 世纪 90 年代，知名管理学大师迈克尔·哈默（Michael Hammer）和詹姆斯·钱皮（Jamies Champy）在其成名作《公司再造》（*Re-engineering the Corporation*）中首次提出了业务流程管理（Business Process Management，BPM）的概念，引发了欧美企业的广泛关注。

BPM 将业务流程视做企业组织的运作核心，强调通过分析、建模和持续优化业务流程的实践来解决业务难题，帮助企业实现财务目标。同时，BPM 与企业的办公自动化系统（OA）、管理信息系统（MIS）、企业资源计划（ERP）等系统密切协同，用信息技术推动企业业务流程再造的落地，实现企业工作流活动与服务的自动化，即企业的业务流程自动化（Business Process Automation，BPA）。

业务流程自动化的实施，可以帮助管理者更好地了解工作流程中每个步骤的执行情况，并及时进行控制与调整；有利于加快流程速度，减少人为错误；有利于减少重复性工作，让员工有时间和精力来着重解决更需要智慧的问题。业务流程自动化为 RPA 的发展提供了更广阔的应用领域和框架，使得 RPA 可以在整个业务流程中自动化各个环节，并根据预定的规则进行处理。

3. 屏幕抓取

屏幕抓取是 RPA 的重要组成部分，用于捕捉和解析应用程序界面的屏幕信息。通过屏幕抓取技术，RPA 机器人能够模拟用户操作，并与应用程序进行交互。屏幕抓取技术使得 RPA 能够处理基于图形用户界面（GUI）的应用程序，无论是桌面应用程序还是 Web 应用程序。通过分析和解析屏幕信息，RPA 机器人可以识别和操作应用程序中的各种元素，如按钮、文本框、菜单等，从而实现自动化任务的执行。

4. 可视化编程

可视化编程是一种通过图形化界面来创建和编辑程序逻辑的编程方法。在 RPA 中，可视化编程工具被广泛应用于任务的设计和流程的建模。这些工具提供了一系列的图形元素和组件，如流程图、条件语句、循环等，使得用户可以通过拖拽和连接这些元素来设计任务的执行逻辑。通过可视化编程，非技术人员也能够参与到 RPA 任务的开发和维护中，降低了技术门槛，提高了 RPA 的可用性和灵活性。

1.2.2 RPA 的发展

1. RPA 的诞生与普及

一些经常玩游戏的读者可能听说过"按键精灵"，这是一款诞生于 2001 年可以模拟鼠标键盘动作的软件，可自动执行一系列鼠标键盘动作。按键精灵简单易用，用户不需要任何编程知识就可以做出强大的脚本。这一软件一经面市，就深得游戏玩家的厚爱，大量玩家用这个软件升级刷怪，用各种脚本进行游戏常规的自动化操作。后来有人发现，这个软件也可以用于日常办公，由此，按键精灵也成为个人办公自动化的常用软件之一。按键精灵基于屏幕抓取与业务流程自动化技术开发而成，具有可视化编程界面，可以被看作 RPA 软件的初始形态，它的某些简便功能（如拖拉拽等）也影响了亚洲甚至欧美后期 RPA 软件的设计思路。

Robotic Process Automation（RPA）这一名词在 2012 年才正式出现，同年 10 月，英国的一家创业公司 Blue Prism 的一种新技术能够降低外包业务人力成本，引起了各咨询公司、数据统计机构和企业的注意。由此开始，RPA 逐渐在各个行业得到应用。

2011 年，我国首家提供 RPA 产品的专业厂商——上海艺赛旗成立，并推出了 RPA 产品——IS-RPA。阿里云 RPA 的前身"码栈"在淘宝诞生，主要帮助阿里巴巴集团小二做运营和服务售后等的自动化。2015 年，按键精灵的创始人发起成立了奥森科技，并同步推出了 RPA 平台——UiBot。四大会计事务所（普华永道、德勤、安永、毕马威）在中国区推进 RPA 的应用，RPA 工具逐渐被国内金融机构所接受。2018 年，是中国 RPA 元年，国内出现了一大批 RPA 厂商，金融科技厂商、AI 厂商也纷纷转型进军 RPA 行业，更多企业开始认知并接纳 RPA 带来的价值，且逐步将 RPA 技术平台纳入战略布局，应用端需求勃发。

2. RPA 的进化

艾瑞咨询在《2020 中国 RPA 行业研究报告》中将 RPA 产品发展形态分为桌面级 RPA 软件、轻自动化 RPA 软件、自动化 RPA 软件和智能化 RPA 软件，如图 1.1 所示。桌面级产品主要以实现桌面自动化为目标，我国早期发展更多的是处理批量邮件、客户资料登记等重复类工作。轻自动化和自动化 RPA 产品都是以实现更大范围的流程创建为价值指向，用户

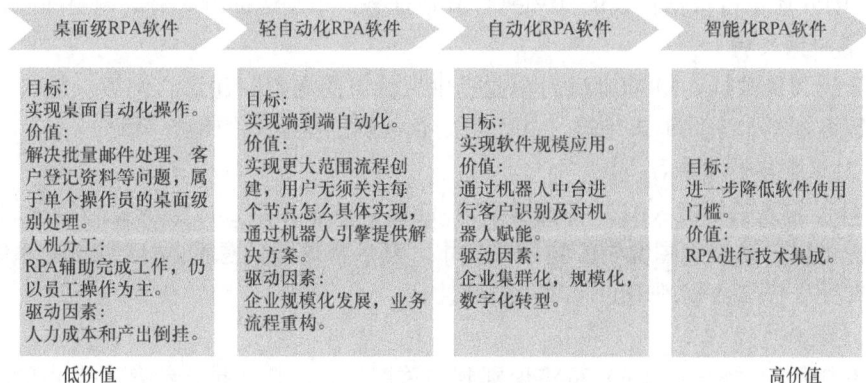

图 1.1 RPA 产品发展形态

无须再关注每个节点如何实现，可以使用 RPA 软件打通流程接口，增加产品自动化功能，降低使用风险。未来，RPA 将与更多工具与技术结合，如机器学习、自然语言处理、计算机视觉等人工智能技术，这样可赋予机器人思考、学习、独立判断、自我改善的能力，机器人在遇到未知异常时不再不知所措，能够独立处理问题和任务，打破人类在能力和算力上的瓶颈，进入智能化阶段，向更加友好的人机互动方向发展。

1.3　RPA 的功能与特点

1.3.1　RPA 的功能

RPA 是以软件机器人为基础的业务流程自动化技术，它能模拟人的实际操作，按照固定规则，操作计算机中的各种软件，使许多日常工作自动化，提高办公效率，以下是 RPA 能够实现的一些基本功能。

1. 数据搜索与录入

通过预先设定的规则，RPA 机器人可自动从各种来源（如电子邮件、网页、数据库等）灵活获取页面元素，根据关键字段搜索数据，提取并存储相关信息。此外，对于需要录入系统的纸质文件数据，RPA 机器人可借助 OCR 进行识别，将读取到的数据信息自动录入系统并归档，不仅节省了人力资源，还减少了手工录入可能引起的错误。

2. 数据整理与校验

RPA 机器人能对提取的结构化数据和非结构化数据进行转化和整理，并按照标准模板输出文件，实现从数据收集到数据整理与输出的自动化。此外，RPA 还能自动校验数据信息，对数据错误进行分析和识别。

3. 数据的上传与下载

不同系统平台间常常需要传递数据及文件信息。RPA 机器人可模拟人工操作，自动登录多个异构系统，将指定数据及文件信息上传至特定系统；也可从系统中下载指定数据及文件信息，并按预设路径进行存储，或是进一步根据规则进行平台上传或其他处理。

4. 执行定期任务与计划

RPA 可以自动执行定期任务，如数据备份、系统更新等，确保企业关键系统的稳定运行。此外，RPA 还可以根据预设的计划执行其他任务，如发送提醒邮件、调整库存水平等。

5. 智能决策支持

通过分析大量数据，RPA 可以为企业提供有价值的洞察和建议。例如，RPA 可以根据历史销售数据预测未来的销售趋势，从而帮助企业制定更有效的销售策略。

6. 人工智能与机器学习

RPA 可以与人工智能（AI）和机器学习（ML）技术相结合，实现更高级别的自动化。例如，RPA 可以自动识别图像中的物体或文本，然后将这些信息输入 AI 或 ML 系统中进行处理，这有助于提高数据处理的速度和准确性。

7. 推送通知

在处理任务的过程中，RPA 可将识别到的关键信息，自动推送给任务节点的相关工作人员，及时通知信息，实现流程跟催。

8. 跨系统集成

RPA 具有与现有系统无缝集成的能力，可以与各种企业应用程序、数据库和云服务进行连接和数据交换。无论是 ERP 系统、CRM 系统还是其他办公软件，RPA 都能够通过 API 或其他方式实现集成，并实现数据共享和流程协同。这种集成能力使得企业在使用 RPA 技术时不需要改变原有系统架构，同时又能够充分发挥 RPA 在办公自动化方面的优势。

1.3.2 RPA 的特点

1. 仿人操作

RPA 的一个重要特点是仿人操作，即 RPA 机器人能够模拟人类操作，与应用程序进行交互。通过屏幕抓取技术，RPA 机器人可以识别和操作应用程序界面上的各种元素，如按钮、文本框、菜单等。它们可以自动执行鼠标点击、键盘输入等操作，实现与应用程序的交互。

2. 低代码开发

RPA 采用低代码开发的方式，使得非技术人员也能够参与到 RPA 任务的开发和维护中。低代码开发通过图形化界面和可视化编程工具，提供了简化的开发环境，使得任务的设计和逻辑的构建变得更加直观和易于理解。这种开发方式不需要深入的编码知识，降低了技术门槛，使更多的人能够快速开发和部署 RPA 任务。

3. 图形用户界面自动化

RPA 能够自动化处理图形用户界面（GUI）应用程序，如桌面应用程序和 Web 应用程序。通过屏幕抓取技术，RPA 机器人可以捕捉和解析应用程序界面的屏幕信息，并识别和操作其中的元素。这使得 RPA 能够执行与用户界面相关的任务，如数据输入、菜单选择、表单填写等。图形用户界面自动化使得 RPA 在处理各种应用程序时具备了广泛的适应性和灵活性。

4. 跨系统和跨平台

RPA 具有跨系统和跨平台的能力，能够与多个系统进行集成，协同工作。它可以与不同的应用程序和系统进行通信，包括主机系统、客户关系管理系统、企业资源计划系统等。无论是在 Windows、Mac 还是 Linux 等平台上，RPA 都可以运行并执行任务。这种跨系统和跨平台的能力使得 RPA 能够适应不同的 IT 环境，并与现有系统进行无缝集成，实现自动化的全面覆盖。

5. 执行过程可视化

由于 RPA 采用前端交互的方式进行业务流程自动化，所以用户可以在屏幕中看到机器人执行操作的全过程，方便用户在执行过程中及时发现错误，可以手动暂停运行流程进行修改，大大提高了机器人的安全性和可审计性。

6. 环境易敏

机器人开发平台需要捕获交互系统的页面元素，将其记录下来，作为机器人程序的一部分，才能实现流程自动化。但这也就意味着，机器人上线后的运行环境必须要与开发环境尽量保持一致，包括操作系统、应用程序版本、相关配置等，否则就要调整代码以适应新的运行环境。一旦交互系统或应用程序发生改变，机器人也要随之变动，这一环境易敏的特点也是最令开发运维人员头痛的。

1.4　RPA 电力行业应用

1.4.1　RPA 的应用概述

国内电网行业早在十多年前就已经提出智能电网的理念，要打造一个以物理电网为基础，主要以特高压电网为骨干网架，各电压等级电网协调发展的坚强电网。需要整合当前最先进的传感测量技术、通信技术、信息技术、计算机技术和控制技术，建成统一坚强智能电网，强化电网的资源配置能力，保障安全生产，提升运行效率，形成电网与电源，电网与用户之间的互动性。

目前国内电网企业在 RPA 机器人流程智能化应用上，以后来居上的速度迅速赶超国际先进水平。一些电网企业已经在 ERP、营销、生产等业务应用系统之间，搭载了数百个 RPA 机器人流程自动化的试验性部署，初步形成了智能电网运行控制和互动服务体系。特别是在调度自动化系统和安全生产保障系统方面增效明显，充分满足了优化资源配置的需求，确保了电力供应的安全性、可靠性和经济性，满足了环保的规范要求，保证了电能质量，适应了电网企业的市场化发展，可为用户提供可靠、经济、清洁、互动的电力供应和增值服务。

对于电网企业内部来说，RPA+AI 技术简单易用、降本增效，可迅速打造自动化流程，连接原有的各个系统平台。将原本重复性高、劳动强度高的流程由软件机器人全部承担，释放了基层员工的大量宝贵时间，使他们可以把更多的精力集中在创造性和决策性的工作上。同时机器人员工的使用使操作准确率接近 100%，大量节约了错误导致的成本，并可为生产安全保驾护航。同时管理决策所依托的定期报告的数据采集制作周期大幅缩减，让决策更能及时反映企业实时动态。

在这些成果收益的背后，有国内电网企业多年系统实施的经验，以及敢于大胆尝试的勇气。虽起步晚于海外同行业，但我国电网企业以高度的社会责任感和强烈的社会使命感，在发展道路上阔步前行，通过大步快走，加速从传统的电能供应商向新型的综合能源服务商的转型，大力推动数字化系统工程，不断加大对 RPA 和人工智能的投入，达到提升客户获得电力的便利性、满意度的目标。

1.4.2　RPA 的应用实例

1. 国网安徽省电力有限公司电力调度控制中心

据报道，安徽电力调度控制中心目前有 7 款 RPA 机器人已经投入使用，8 款 RPA 机器人正在建设。分析其预期效果可发现，在某一特定流程下，可实现全流程自动化，业务数据准确率提升至 100%，工作效率极大提高。建设智能调控辅助平台后，每月至少可节约 16 人/天，使其从烦琐、耗时的机械性劳动中解放出来，有更多的时间投入更有价值的工作中。不止如此，在基于 RPA 的智能调控辅助平台项目的建设中，安徽电力调度控制中心还进行了以下创新。

(1) 实现自动化电力设备状态巡检。RPA 技术可以应用于电力设备的状态巡检任务中。机器人可以按规则自动识别设备的状态和异常，记录巡检数据，并实时反馈给运维人员进行分析和决策，提高了设备状态巡检效率和准确性。

在电力系统中，母线是电力输电和配电的关键组件之一，需要经常进行运行方式的核对和状态的巡检。传统的巡检方式通常需要人工进行，费时费力，且难以及时反馈母线的运行状态。

可利用 RPA、图像识别等技术，收集及分析安徽省调度管辖厂站接线图的数据，检测和判断母线是否正常运行，是否存在异常情况。如果发现母线存在异常情况，RPA 机器人可自动提供警报，通知运维人员进行处理。利用 RPA 机器人进行母线运行方式核对可以实现自动化巡检，提高巡检的速度和准确性，同时减少人工巡检的工作量，为电力系统的安全稳定运行提供有力支持。

（2）打破数据壁垒，实现自动化电力数据管理。RPA 技术可以应用于自动化处理电力数据的采集、清洗和跨系统数据填报。机器人可以自动化地从各个数据源获取数据，并进行校验、清洗和整合，保证数据的准确性和完整性，为数据分析和决策提供可靠的基础，具体包括以下优势。

1）自动化数据整理和报表生成。

2）快速准确的数据分析和决策支持。

3）提高数据处理的准确性和效率。

4）实时监控和报告。

5）减少系统集成成本及人工工作量。

（3）辅助完成故障诊断和预测维护工作。借助 RPA 技术可智能分析调度日志，通过分析跳闸、非计划机炉停机等故障事件的调度日志记录，可快速识别并定位故障的具体原因，汇报情况以形成异常事件、错误日志和警告信息清单，辅助运维人员快速完成电力系统的故障诊断和预测维护。

通过分析并网过程中的调度日志数据，辅助运维人员可完成优化调度决策，提高并网效率和可靠性。通过对电网负荷、发电机输出和传输线路状态等数据进行实时监测和分析，可辅助运维人员快速完成电网调度。

2023 年 8 月安徽电力调度控制中心平台的运行数据统计显示，有 4 款 RPA 机器人场景已稳定运行 3 个月，新增的 3 款 RPA 机器人已应用 1 个月，应用成效如下。

1）配电变压器末端电压检测。机器人共完成 378 笔末端用户检测业务，人工耗时约 60 秒/笔，机器人为客户节省了 24 小时。

2）配电调度配电变压器有效感知率。机器人共完成 100133 笔配电变压器信息采集，人工耗时约 60 秒/次，机器人为客户节省了 48 小时。

3）电网运行情况统计。机器人共完成 27 笔运行情况日报统计，人工耗时约 600 秒/笔，机器人为客户节省了 10 小时。

4）操作票管理。机器人共完成 89 笔末端用户检测业务，人工耗时约 60 秒/笔，机器人为客户节省了 6 小时。

5）大机组有功功率数据统计。机器人共监控了 1152 个大机组数据，人工耗时约 60 秒/笔，机器人为客户节省了 24 小时。

6）母线运行方式核对。机器人共完成 398 个厂站的核对，核对 15258 个开关接线情况，人工耗时约 60 秒/个，机器人为客户节省了 243 小时。

7）曲线图生成。机器人（统计及展示负荷、交换、新能源数据）共成功在业务系统中导出 62 份数据，生成 40 份生成曲线图，人工统计耗时约 100 秒/份，机器人为客户节省了

32 小时。

　　综上，RPA 机器人以自动化的方式完成了多项烦琐的任务，极大地节省了人工时间和劳动成本。从配电变压器检测到电网运行情况统计，从操作票管理到大机组数据监控，这些机器人为客户节省了大量的时间，让运维人员能够更专注于更重要的工作和决策，同时也减少了人为错误的可能性，增强了数据的准确性和可靠性。（案例来源：大国电丽公众号 https://baijiahao.baidu.com/s? id=1786422098066485231&wfr=spider&for=pc。）

　　2. 广东电网潮州供电局新型云部署 RPA 平台

　　近两年来，广东电网潮州供电局以南方电网公司数字化转型战略为引领，全面整合大数据、云计算、人工智能等创新能力，以利用数字化手段解决员工工作过程中的实际需求，实现基层减负为目标，打造新型云部署 RPA 平台——Ling 号机器人平台，全力支撑企业提质增效，致力打造电网领域的专家品牌。

　　Ling 号机器人利用开源调度框架 Quartz 实现多应用场景的集成部署和自动执行任务，快速满足不同客户应用场景的上线及运行需求，更加高效地推动电网数字化升级与转型。此外，针对现有独立 PC 部署 RPA 系统资源利用率低、不易于扩展难以适应数字电网发展需要等现状，Ling 号机器人首次应用"南网云部署 RPA+国产数据库 tidb 模式"关键技术，使云平台架构、RPA 技术和国产数据库得到创新应用，实现了对 RPA 技术的有效运用和集中管理。

　　（1）生产更高效。在生产领域，该平台研发了配电网问题库修编收资、窃电用户筛查、负荷数据监测统计、故障报修工单自动提醒机器人、生产计划绩效指标管控等应用，并应用落实到具体工作。

　　配电网问题库修编收资应用自上线以来，为潮州供电局开展配网规划日常修编及年度修编提供了一套实用的数字化工具，具备自动生成 10kV 及以下配电网重要问题库等应用功能，包含配电变压器重过载、配电变压器低电压、线路重过载、线路未实现自动化有效覆盖、线路不可转供等，为开展项目库修编和配网投资精益化管理提供了技术支撑，助力潮州供电局在 2022 年度规划修编工作终期评价中，大幅提升排名，取得历史最好成绩。

　　目前，窃电用户筛查功能已应用于 2 个县区供电局、5 个供电所，应用结果已通过人工检测复检，累计已抓获窃电用户 30 余户，帮助供电管理部门累计追回电费约 32 万元。同时协助业务部门及时发现窃电行为，保护电力设备安全，提高了供电服务质量。

　　负荷数据监测统计方面，系统可通过精准分析替代人工数据筛查，每月节约人工达 200 人/天，可减轻一线班组人员保供电期间的工作量，提升数据准确性，帮助保供电人员分析保供区域内需重点关注的台区，有利于集中人力开展现场运维。

　　该平台通过自动化获取系统故障抢修工单的方式，并加以辅助提醒，能够最大限度减少运维人员工单签收延误的问题。通过多渠道的催办方式，全方位信息提醒，可有效防止供电所运维人员遗漏抢修工单的信息。自功能上线以来，故障抢修工单签收及时率提高了 37%，有效提高了故障抢修工作效率，降低了客户诉求升级风险，提升客户服务满意度。

　　生产计划绩效指标管控应用为生产技术部、生产指挥中心的业务开展提供了强有力的支撑，实现了变电站日常巡视、红外测温、电容器组冷备用转检修、变电专业巡视等完成时间合理性管控，超期、到期缺陷消缺进度管理，预安排重复停电用户测算等功能，通过多场景的数据分析应用，可精准定位各专业日常运维工作存在的问题，为输变配运维工作质量提升工作提供数据支撑。该应用每月可节约人工达 350 人/天。在数据质量方面，提升了电网设备运维数据的质量；在评价机制方面，提高了在省公司数据看板与评价机制要求方面的评分。

（2）供电更可靠。营销领域方面，研发了台区日线损波动监控机器人、配电变压器过载监测（古巷）、馈线重过载统计及监视（古巷）、终端在线率自动统计机器人、跨系统户变档案匹配比对、计量系统自动下发电能表参数、新装变更业务绑定南网在线明细等应用。通过数据分析，可提高营销管理相关指标监测效率，协助业务人员对各指标进行监管，解决痛点难点问题。终端在线统计及抄表率统计效果提升 80%，客户在线绑定查询提升 100%，变台区重过载分析预判精准率为 100%，指导供电所主动发现负荷负载，有效降低了因重过载发生跳闸、低电压等故障的概率，提升了客户服务质量。

在安全领域，为针对安监部计划进行督查及作业提醒，研发了安监部督查计划及督查效能提升应用、中高特高风险作业开工提醒、生产作业及违章情况统计分析应用。通过动态统计部门内督查及监控人员督查及作业数据的情况，可及时追踪异常数据，进行监管落实。

在综合领域，研发了仓库物资出入库智能提醒助手、电子商城智能监控应用机器人等应用。通过对供应链的物资、订单等方面设置全流程监控节点，设置电话、短信、Elink 实时提醒单据时限功能，节省了时间成本，提高了作业效率，避免流程节点超时限，加快了作业单据闭环管理。（案例来源：南方 Plus https://baijiahao.baidu.com/s?id=1785069795247049197&wfr=spider&for=pc）

1.4.3　RPA 的应用价值

1. 保障生产安全

安全生产方面的事故主要由意外和人员操作不当造成，国内电网企业一般都已部署了先进的监视设备，甚至设置了专门的物联网在线监测设备对设备状态进行评估，但最终都需要靠人力来发出预警以及跟进，当监察结果未能及时跟进或未得到快速响应时，伤害仍然难以避免。

应用 RPA+AI 技术后，所有的预警和跟进工作变得迅捷而有效。软件机器人可打破系统界限，不停歇地实时监控。对于人员的操作失误，若可提前整合员工健康信息，通过 RPA 把数据结构化，自动对每位前往作业的员工进行健康评估和情绪测评，对于处在不适宜状态的员工停止派发工单，员工的人身安全就多了一道保障。

2. 保障系统安全

电网企业面临着复杂多元的外部环境，分布式新能源/IoT 的接入使得网络安全面临更大的挑战。同时顺应"云大物移智"的数字化趋势，内外网的物理隔离逐步被打破，如现代化的办公，让员工能通过万维网接入内部系统工作，给网络病毒和攻击留下了空间。

在此情况下 RPA 实时监测报警机器人可实现 24 小时全天候工作，识别网络攻击特征，记录攻击地址，及时发出警报，通知相关人员，同时也能根据攻击特征，自动生成安全策略进行应对。

3. 保障数据隐私

RPA 技术通过代替人类处理大量基础数据的工作，从根本上消除了人为因素对数据隐私的潜在威胁。由于 RPA 机器人执行任务的过程基于预定的规则和程序，不受情绪、欺诈、诱惑或其他人类因素的影响，因此大大降低了数据泄密的风险。这种无感情因素和严格的程序化操作使得 RPA 技术在保障数据隐私性方面具有独特的优势。

4. 保障技术可靠性

RPA 软件机器人能实施24小时不间断的监察,通过 OCR 或其他人工智能图像识别软件,实时发现异常,彻底消除了人为失误的可能。另外通过分阶段实施,可获得实验性实施经验,得到 POC 认证,可逐步在企业全面推广,避免在实施过程中出现系统性误差的可能。

此外,RPA 技术能够实施自我监督,通过全流程管控机器人,可对机器人操作结果进行二次确认,为流程自动化的可靠性增加了一道保障。

5. 打破数据孤岛效应

RPA 技术能适应任何图形化操作界面,通过软件机器人自动化操作,能以接近 100% 的准确率完成系统间数据交换。无论各个业务系统是否来自不同的软件商,甚至是否部署在不同操作系统的服务器上,其都能完美地进行数据整合。

RPA 技术属于外挂式应用,无须定制编程。其适应性强,可随时根据业务系统的调整而调整,简单方便,业务人员经过培训后,即能自行进行 RPA 自动化流程的调整和创新,随时优化工作流程,提升工作效率。

6. 提升市场竞争力

电改之后,用户的用电方式多样化,用户根据自己的用电特点对配电调控的要求更加精细化,电力的调配计划更新变得更加频繁,对电网企业的市场应变能力提出了更新的挑战。而通过 RPA 机器人的部署,电网企业能更灵活地调整输配电计划,向用户提供个性化的用电方案,达到用户降低成本和电网企业错峰输电的双赢效果。

另一方面,通过大规模部署机器人,可降本增效,获得灵活的市场开发能力。部署和运行一个机器人的平均成本要远低于一个同等的全职雇员,让软件机器人协助完成大量单调枯燥的工作,可优化非增值流程,激发员工主动性,使其可以将更多的时间投入市场开发和决策中去,扩大企业市场能力。

7. 赋能员工提升效率

RPA 可帮助员工提升工作体验,减少枯燥重复性工作,避免员工在压力下造成错误,让员工团队变得更稳定,更有创造力;同时随着软件机器人的应用,员工能更好地运用信息系统,增强了在工作中做出正确决策的能力,使普通劳动力升级为决策制定者,基层员工能更好地实现工作职能。

随着软件机器人在企业内的全面推广,更多的工作流程得到了自动化、智能化改造,积累了更多标准化的解决方案。员工可以方便地使用和改进已有的流程自动化方案,充分发挥软件机器人规模化效应,提高员工工作能效。对于企业来说,数据标准化的统一,流程标准化、智能化的改造,让整个商业运营变得更加可预测,更加稳定。另一方面,随着员工有更多时间实现专业方面的积累,工作成果会变得更专业、更细致,从而给企业带来更高的产品服务质量,同时可提升员工个人对企业的归属感,对稳定整个企业人才库起到了很大的作用。

1.4.4　RPA+AI 应用展望

1. 加强人工智能,深入数字化转型

RPA 技术作为人工智能的一部分,本身也在逐步发展。RPA 技术出现初期,主要服务以简单的流程自动化操作为主;现在部署规模逐步扩大,结合了 AI 技术的使用,通过 OCR、NLP 等技术将原先大量视觉信息转化成结构化数据,为机器学习的提升提供了大量学习数据，让 RPA 计算模型更加成熟，应用范围更加宽广。未来 RPA 技术将进一步发展到智能化，通过对大数据的深度学习，情感分析智能机器人能承担更多创造性的工作，人工智能将变得更加智能化。从电网行业来看，中国电网行业起点高，基础系统布局广泛，数据覆盖面广，通过建设以电力数据为核心的能源大数据中心，可为人工智能算法打下基础，提前规划，提前布局，RPA+AI 技术将成为我国电网企业发展的新动力。

2. 结合多技术平台，拓宽 RPA 应用

RPA 技术具有打通系统壁垒的特点，将结合物联网技术、区块链技术、边缘计算、5G 通信等先进科技，一起构架电网企业与用户之间开放的信息共享平台。实现电网、电源和用户之间的信息共享，实现电网无差别开放，双向流动，友好兼容各类电源和用户的接入与退出，促进发电企业和用户主动参与电网运行调节。

3. 推进信息化和工业化融合管理体系标准的制定和尝试

新技术带来新的产业变革，新的技术也需要有新的发展模式来匹配，电网企业现今推行的尝试性部署，将会成为未来大规模部署的前瞻性试验，在得到研发论证之后，就可将新技术融入管理运营，从教育到运营，从数据到平台，都将成为行业的规范。

（1）打造 RPA 卓越中心（CoE），即机器人员工派遣管理中心。

（2）制定企业/行业结构化数据接口标准。

（3）制定企业/行业流程自动化标准。

（4）制定人工智能思维的培训和认证标准。

（5）搭建行业技术支撑体系和智能应用体系。

4. 提前进入能源互联网新工业时代

我国特高压直流输电工程的实现，以及在人工智能流程自动化方面的不断尝试，引领我国电网行业提前进入能源互联网新工业时代。而数字化转型的成功，将能源生产端、能源传输端、能源消费端的数以亿计的设备、机器、系统连接起来，能源互联网已初具规模。

我国电网企业在 RPA 的试验性部署中已取得了显著的成果，下一阶段会进入规模化推广。当人工智能与企业运营深入融合，打通并优化能源生产和能源消费端的运行效率时，它将成为新工业时代发展的驱动力。

RPA 技术将继续往智能化发展，逐步超越固定模式下的操作范围，变得更加灵活，更加智能。比如助力实现能源互联网，形成能源资产市场，智能匹配产业链上下游的供需互动和交易，自发向用户推送能源交易，实现分布式能源生产、消费一体化。

RPA+AI 将是智能工业时代的标志，提前接受新技术，加快推动产业范式转变，最终就能实现经济发展的质量变革、效率变革和动力变革。

第2章 UiBot Creator 的安装与使用

UiBot 是奥森科技旗下的一款机器人流程自动化服务平台,产品体系主要包含三大模块:创造者(UiBot Creator)、劳动者(UiBot Worker)和指挥官(UiBot Commander),通过模拟人工对目标系统(如 ERP、OA、SAP、浏览器、Excel 等各类软件)进行各种操作,支持可视化编程与专业模式、浏览器、桌面、SAP 等多种控件抓取,以及 C、Lua、Python、.Net 扩展插件及第三方 SDK 接入。它注重用户体验和易用性,提供简单、高效、全面的 RPA 解决方案,使用户能轻松创建和部署自动化流程。本章主要介绍 UiBot Creator 的安装与使用。

2.1 安 装 与 注 册

2.1.1 用户注册

打开来也科技官网,个人可进行注册登录,如图 2.1 所示。

图 2.1 来也科技官网界面

单击"申请试用",跳转到注册界面,按照指示提交注册即可,如图 2.2 所示。

2.1.2 UiBot Creator 社区版的安装

可访问来也官网获取流程创造者(UiBot Creator)社区版最新版本的安装包,有 Windows x64 版本和 Windows x86 版本以供选择。

(1)打开安装包文件(.exe),阅读《UiBot 用户协议》,勾选"我已阅读并知晓用户协议"并单击"同意"按钮,如图 2.3 所示。

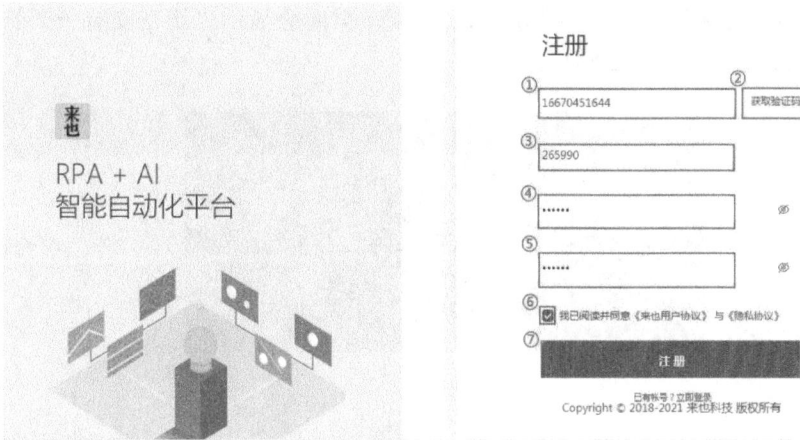

图 2.2　注册界面

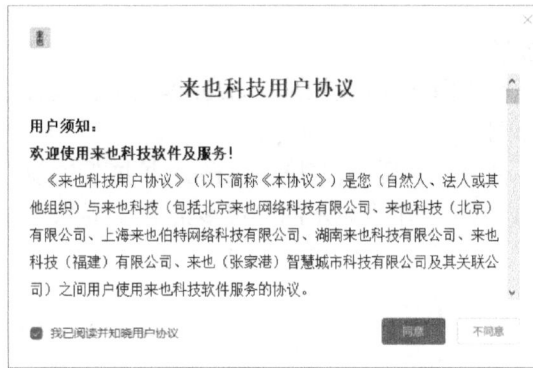

图 2.3　用户协议

（2）进入安装引导页面（见图 2.4），可以直接单击"立即安装"按钮，也可以单击"自定义安装"。自定义安装可以浏览并选择安装的位置，选择是否创建桌面快捷方式等。

图 2.4　安装界面

（3）单击"立即安装"按钮，程序进入安装状态，页面会显示"正在安装…"的进度条，几秒即可迅速安装完毕，如图 2.5 所示。

图 2.5　安装进度界面

2.1.3　扩展程序的安装

为帮助用户更好地提取界面元素，UiBot Creator 提供了扩展程序安装，下面以 Chrome 扩展程序安装为例进行介绍。

打开 UiBot Creator，单击"工具"，选择"Chrome 扩展"安装，如图 2.6 所示。

打开 Chrome 浏览器，单击三个点表示的"更多菜单"，选择"扩展程序"，单击"管理扩展程序"，如图 2.7 所示。

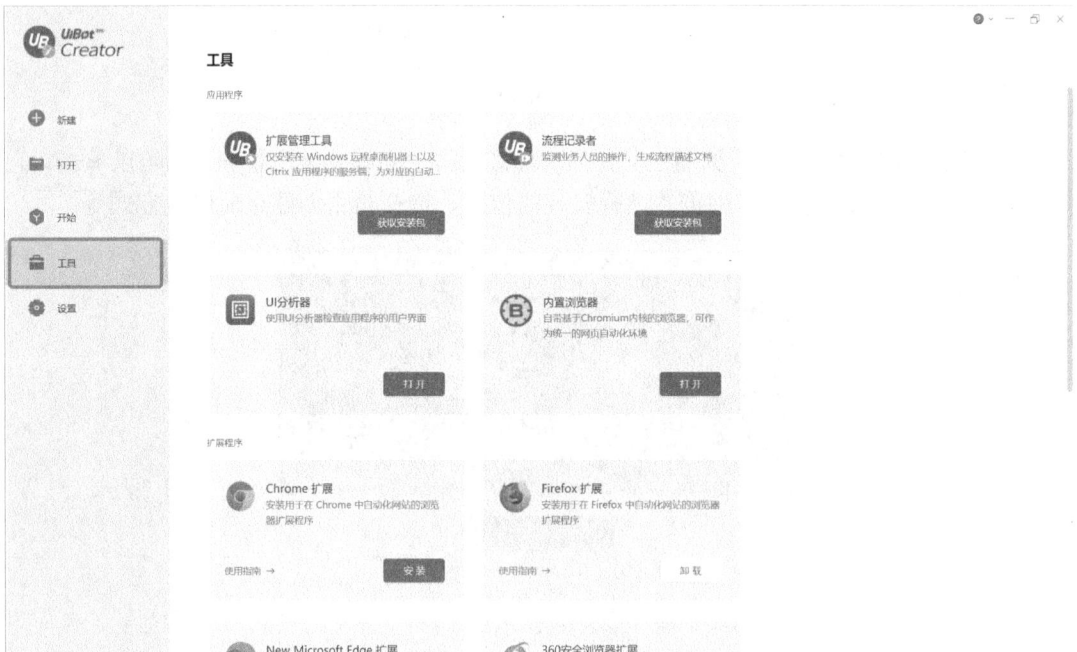

图 2.6　UiBot Creator 界面

图 2.7　浏览器—管理扩展程序

在"扩展程序"设置页面，将 UiBot Native Message Plugin 的使用状态设置为"启用"，至此就完成了 Chrome 浏览器的扩展安装与配置，如图 2.8 所示。

图 2.8　启用扩展程序

2.2　基　本　使　用

2.2.1　流程图界面的使用

流程是机器人流程自动化最基本的概念。所谓流程，是指用 RPA 机器人来完成的一项任务。每项任务对应于一个流程，比如可以定义一个"向员工发送工资条邮件"流程，来完成向员工发送工资条邮件的任务。

在 UiBot Creator 中，新建或打开一个流程即可进入流程图视图，如图 2.9 所示。流程图视图包括工具栏和菜单、流程图元件库、流程图编辑面板、属性设置窗格四部分。流程图元件库提供了五种组件。其中，辅助流程和子流程实现了多流程的协作，也是 UiBot 元件库的新成员。用户可将流程图元件库中的组件拖到流程图编辑面板绘制流程图，并在属性设置窗格中设置每个流程图组件的属性。

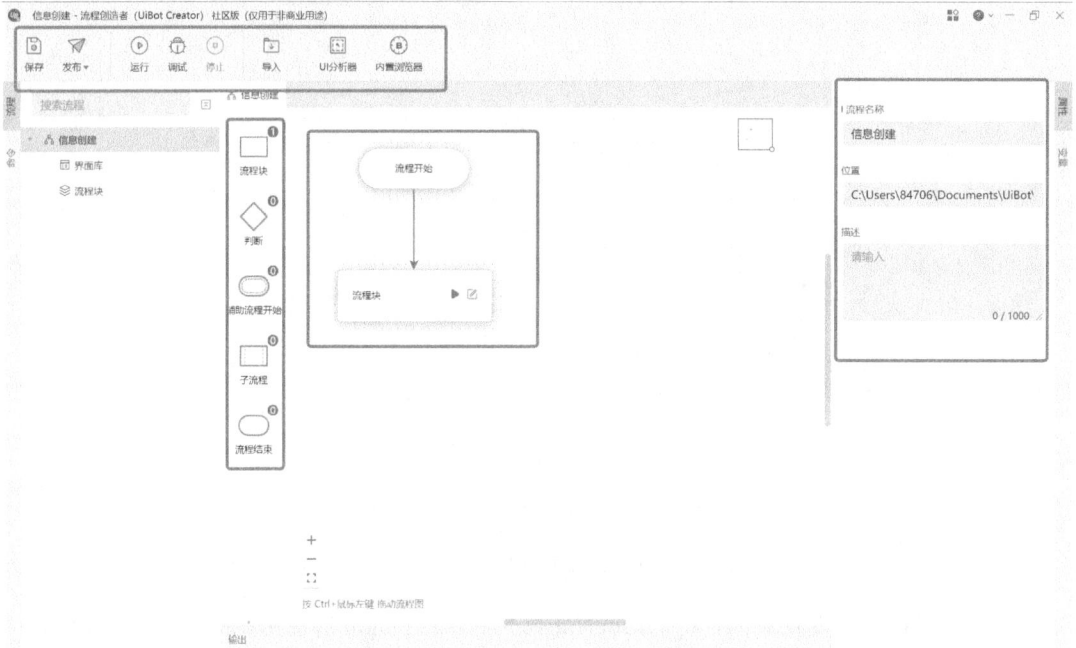

图 2.9　流程图界面

新建流程图时，系统默认在流程图编辑面板中添加一个"流程开始"和一个"流程块"，两个组件之间有一个带箭头的连接。"流程开始"，顾名思义，流程从这里开始运行，并沿着箭头方向，依次运行后续的各个组件。在每个流程图中有且只能有一个"流程开始"组件。

"流程块"对应于流程的每个步骤。一个流程必须有一个或多个流程块。完成某一项任务往往需要经历多个步骤，比如"向员工发送通知邮件"这个任务可以划分为"登录企业邮箱""编辑邮件并发送"两个步骤，我们在流程图中就可以用两个流程块分别对应这两个步骤。

2.2.2　编辑器界面的使用

单击"流程块"上方的编辑器按钮（见图 2.10），就可以进入流程块的编辑器界面。UiBot 提供了两种流程块编辑视图：可视化视图与源代码视图。可视化视图为用户提供了一个可视化的编程界面，用户通过简单的拼装就可以实现流程块的逻辑。源代码视图是为 IT 开发工程师准备的编程工具，源代码视图采用 UiBot 自创的编程语言 Botscript（以下简称 UB）语言来描述流程块。若想了解 UB 语言，可参考 UiBot 中级开发指南的相关内容。

单击流程图界面中"流程块"中的编辑器按钮，可进入编辑器界面，默认打开可视化视图（见图 2.11）。编辑器界面有可视化视图和源代码视图，可根据不同需求进行切换。

可视化视图包括工具栏与菜单、命令树、可视化代码编辑器、属性与变量面板，如图 2.12 所示。

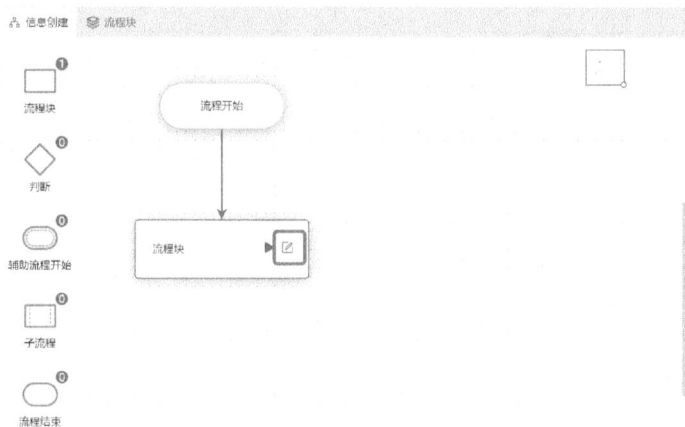

图 2.10　编辑器按钮

图 2.11　视图切换按钮

　　命令树包含了 UiBot 可执行的所有命令，用户拖动需要的命令到流程块中，UiBot 可按照指示命令忠实执行。在可视化代码编辑器中，可以组装不同的命令，调整其先后顺序与逻辑关系，联动多条命令形成完整的操作链。属性面板用以设置命令执行规则，是对命令执行细节的描述，一般来说，UiBot 会自动设置一个命令的默认属性值，用户可根据需求进行修改。变量管理面板用以管理代码运行过程中的各类变量，如图 2.12 所示。

　　单击切换按钮，即可显示源代码视图。源代码视图与可视化视图描述的是同一个流程，是同一个事物的两种不同展现形式。可视化视图中每一个命令方块，都可在源代码视图找到对应的代码，如图 2.13 所示。

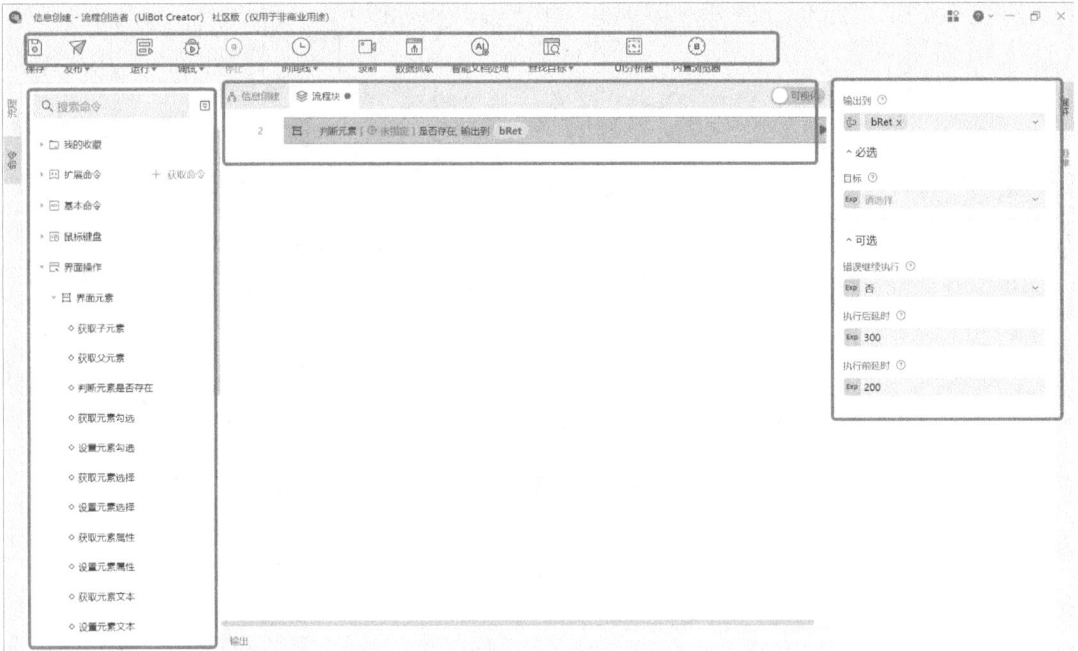

图 2.12　可视化视图

图 2.13　源代码视图

2.2.3　工程目录结构

UiBot 的工程目录下，主要包括以下几类文件。

（1）.flow 文件：流程图文件，每一个流程对应一个流程图文件。

（2）.task 文件：流程块源代码文件，每一个流程块对应一个 task 文件。

（3）.taskc 文件：task 文件对应的编译文件，一个 task 文件对应一个 taskc 文件。

（4）res 文件夹：资源文件夹，机器人应用中使用的截图、机器人需要访问的文件均存放在这个目录。

（5）log 文件夹：日志文件夹，机器人运行的日志存放在这个目录。

第 3 章　物料到货款数据处理

　　Excel 是一种功能强大的电子表格软件，由 Microsoft 公司开发和发布。它是办公自动化软件套件 Microsoft Office 的重要组成部分之一，广泛应用于商业、教育和个人领域。Excel 具有用户友好的界面和强大的功能，因此它成为许多人处理和管理数据的首选工具。它为用户提供了一种灵活、高效和可靠的方式来处理和分析数据，帮助用户提高工作效率和决策能力。

　　通过利用 RPA 技术进行 Excel 操作，企业可以实现高效的物料到货款数据处理。RPA 软件机器人可以自动化执行各种 Excel 操作，从数据提取到整合和分析，大大减少了人工处理数据的时间和错误率，提升了处理效率和准确性。在物料到货款数据处理中，RPA 可以帮助企业快速而准确地跟踪、更新和管理相关信息，为企业的供应链管理提供强有力的支持。

3.1　常用命令：工作簿操作

3.1.1　打开及关闭工作簿

1. 打开工作簿

　　无论后续要用 UiBot 对 Excel 进行何种操作，首先都要保证打开工作簿。当自动化操作结束后，需关闭已打开的工作簿。

图 3.1　【打开工作簿】命令属性

　　在命令树中选择软件自动化—Excel—打开 Excel 工作簿命令，在属性和变量界面进行修改，如图 3.1 所示。

　　"输出到"属性填写变量名，该变量指代当前打开的工作簿对象，后续对该工作簿进行操作时，在其他命令属性中填写该变量名就可对工作簿进行调用。

　　"文件路径"属性为工作簿的文件路径，可以是绝对路径，也可以是以"@res"开头的相对路径。

　　"是否可见"属性表示是否以可视化的模式打开 Excel，是一个布尔类型的属性。

　　"打开方式"属性有两种选择——Excel 和 WPS，用户可根据操作的文件对象进行选择。

2. 关闭工作簿

　　为节约计算资源，建议使用完工作簿后，关闭 Excel 工作簿。

　　在命令树中选择软件自动化—Excel—关闭

Excel 工作簿命令，在属性和变量界面进行修改，如图 3.2 所示。

关闭 Excel 工作簿命令有两个属性，"工作簿对象"与"立即保存"。"工作簿对象"指定一个打开的工作簿；"立即保存"，若选择"是"，则在关闭 Excel 工作簿的同时，保存 Excel 工作簿；反之，不保存工作簿。

3.1.2　绑定 Excel 工作簿

对于已经手动打开的 Excel 工作簿，我们可以通过【绑定 Excel 工作簿】命令进行访问。该命令有两个属性——"文件名"与"输出到"，如图 3.3 所示。"文件名"指定正在打开的文件，无须填写路径，只需要填写文件名。"输出到"为一个工作对象名。

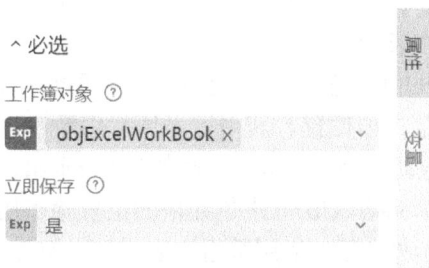

图 3.2　【关闭 Excel 工作簿】命令属性　　　　图 3.3　【绑定 Excel 工作簿】命令属性

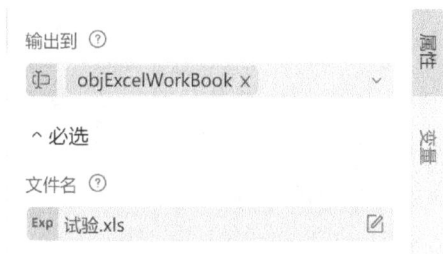

3.1.3　保存 Excel 工作簿

保存 Excel 工作簿包括两个命令——【保存 Excel 工作簿】和【另存 Excel 工作簿】，如图 3.4 和 3.5 所示。

【保存 Excel 工作簿】保存指定的 Excel 工作簿，只有一个属性"工作簿对象"。

【另存 Excel 工作簿】将指定的 Excel 工作簿另存为指定文件，有"工作簿对象"和"文件路径"两个属性。

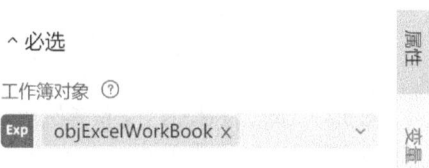

图 3.4　【保存 Excel 工作簿】命令属性　　　　图 3.5　【另存 Excel 工作簿】命令属性

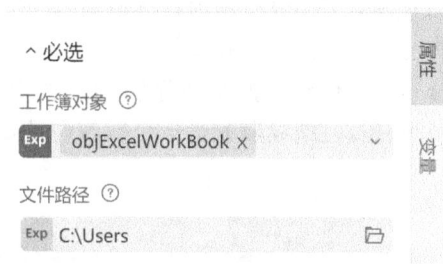

3.1.4　激活 Excel 工作簿窗口

【激活 Excel 工作簿窗口】命令可以激活指定的 Excel 工作簿窗口。当系统打开多个 Excel 文件时，该命令可以激活指定的 Excel 工作簿窗口，作为当前处理的工作簿。该命令只有一个属性，即"工作簿对象"，如图 3.6 所示。

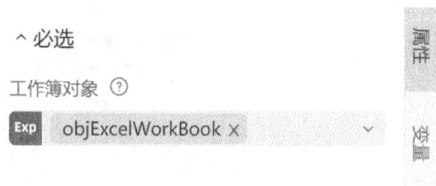

图 3.6　【激活 Excel 工作簿窗口】命令属性

3.2　常用命令：单元格操作

3.2.1　读取内容

1. 读取单元格

【读取单元格】命令将单元格的内容读取到指定变量中。读取单元格命令包括四个属性——"工作簿对象""工作表""单元格""输出到"，如图 3.7 所示。其中"工作簿对象"指代处理的工作簿；"工作表""单元格"属性均填写字符串，工作表填写表名，单元格指定单元格在工作表中的位置。

图 3.7　【读取单元格】命令属性

Excel 工作表中的单元格，一般通过行号和列号来确定具体位置，其中行号通常用数字序列表示，列号通常用字母表示。比如 B3 表示第三行第二列的单元格。UiBot 中单元格的位置除了用这种方法表示外，还可以用数组来表示。比如 B3 单元格，可表示为［3，2］，数组的第一个元素表示行数、第二个元素表示列数。

【读取单元格】命令将从单元格读取到的数据保存到"输出到"属性指定的变量中。该变量的数据类型由单元格中数据的类型来确定。如果单元格中的数据为字符串，那么该变量就是字符串。如果单元格中的数据为数值型，那么该变量就是数值型。

例如："员工信息.xls"工作簿的 sheet1 如图 3.8 所示，图 3.9 所示流程读取 A2、B2、C2、D2 单元的数据，并在调试窗口输出。从运行结果可见，A2、B2 读取的是字符串，C2 读取的是一个时间数据，D2 读取的是一个数值型数据。

	A	B	C	D
1	所属部门	员工姓名	上岗日期	年龄
2	人事部	张三	2001-3-19	26
3	销售部	李四	2004-3-20	27
4	市场部	王五	2000-12-15	34
5	财务部	赵六	2001-6-21	30

图 3.8　"员工信息.xls"工作簿的 sheet1

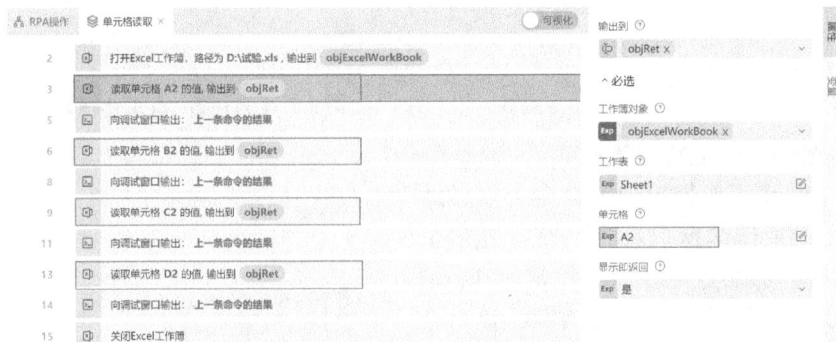

图 3.9　【读取单元格】命令设置

2．读取区域

【读取区域】命令读取一个工作表中指定区域多个单元格的数据。

【读取区域】与【读取单元格】命令相比，"工作簿对象""工作表"这两个属性完全一致，可以指定读取哪个工作簿的哪个工作表，如图 3.10 所示。"区域"属性同样采用字符串形式，"A2:D4"表示读取是左上角 A2 单元格到右下角 D4 单元格，共计 12 个单元格的数据。同样，可以用二维数组的形式表示单元格的位置。[[2，1]，[4，4]]表示从第 2 行第 1 列到第 4 行第 4 列区域的数据，与"A2:D4"选定的区域一致。由于【读取区域】命令读取的是一个区域数据，故其返回值是一个二维数组。

比如，从"员工信息.xlsx"工作簿文件 Sheet1工作表中读取 A2 单元格至 D4 单元格的数据，从图 3.11 下方输出框中显示的运行结果可见，返回值是一个二维数组。

输出到 ⑦

　　arrayRet ✕

∧ 必选

工作簿对象 ⑦

Exp　objExcelWorkBook ✕

工作表 ⑦

Exp　Sheet1

区域 ⑦

Exp　A2:D4

显示即返回 ⑦

Exp　是

图 3.10 【读取区域】命令属性

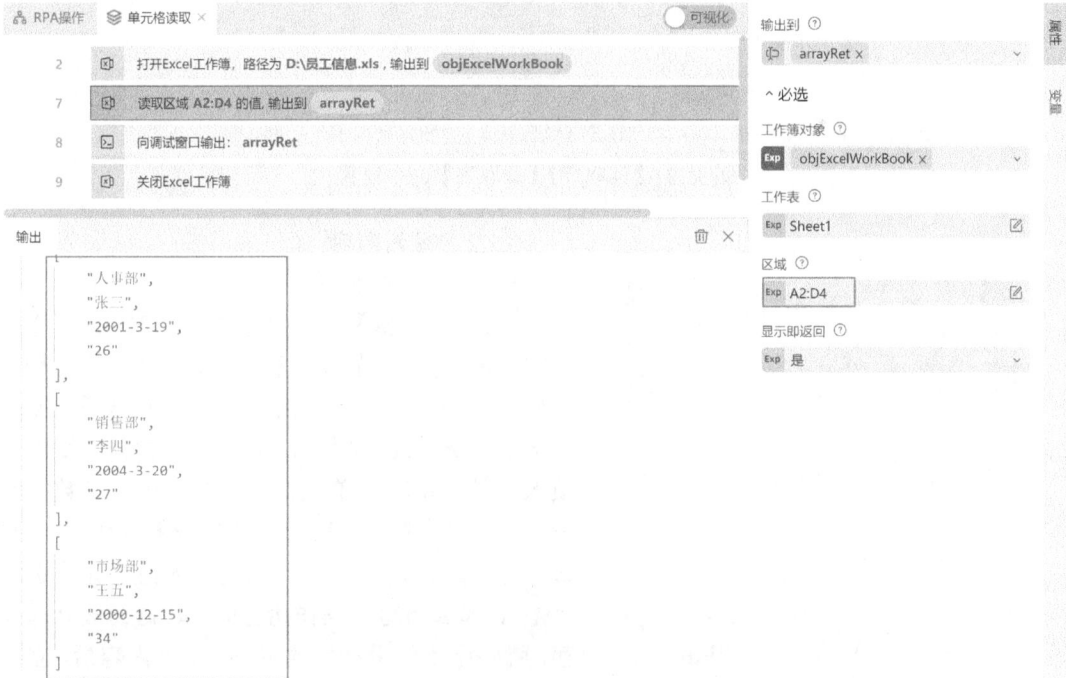

图 3.11 【读取区域】命令设置与运行结果

3．读取行、列

【读取行】命令读取一个工作表某一行中从指定单元格开始多个单元格的数据。

【读取列】命令读取一个工作表某一列中从指定单元格开始多个单元格的数据。

【读取行】与【读取列】命令的属性设置与【读取单元格】命令一致，其返回值是一个一维数组。

例如，如图 3.12 所示的流程中，【读取行】命令读取"员工信息.xlsx"工作簿 Sheet1 工作表 B2 单元格开始的所在行的值，返回一个有 3 个元素的一维数组；【读取列】命令读取"员工信息.xlsx"工作簿 Sheet1 工作表 A1 单元格开始的所在列的值，返回一个有 4 个元素的一维数组。

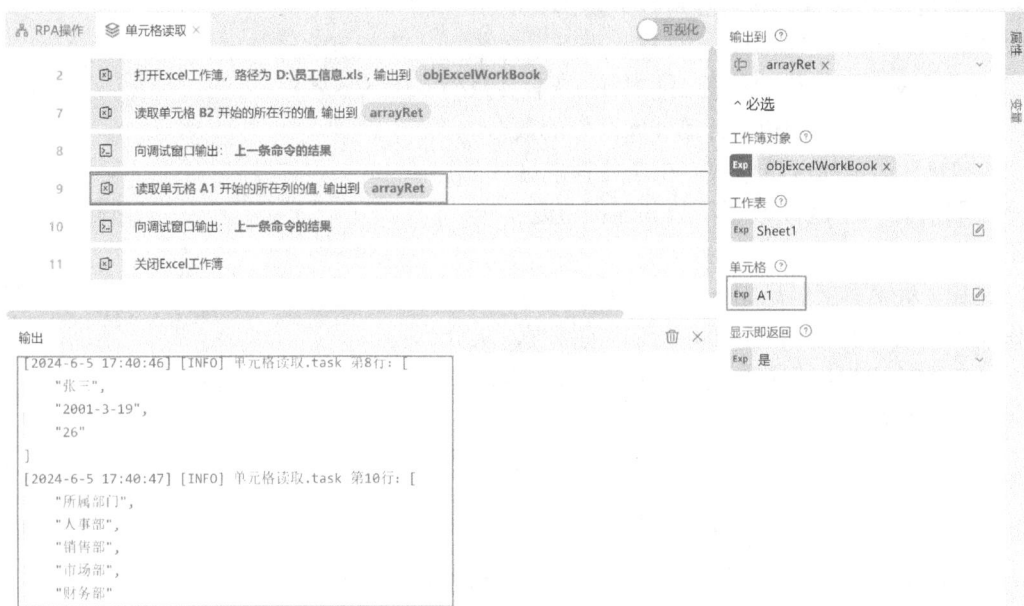

图 3.12　【读取行】【读取列】命令设置

图 3.13　【写入单元格】命令属性

3.2.2　写入内容

1. 写入单元格

【写入单元格】命令将数据写入 Excel 工作表指定的单元格中。【写入单元格】命令的"工作簿对象""工作表""单元格"三个属性与【读取单元格】命令一致，如图 3.13 所示。"数据"属性中填入的是即将写入单元格的数据，可以是数据常量、字符串常量，也可以是变量或者表达式。"立即保存"属性，是一个布尔类型的值。如果选择"是"，那么当写入操作执行时，数据会被立即保存，就好比我们手动修改 Excel 文件内容后，立即按"Ctrl+s"组合键进行保存一样；而如果选择"否"，那么写入操作不会被立即保存，除非单独调用一次【保存 Excel 工作簿】命令，或者在【关闭 Excel 工作簿】命令的"立即保存"属性选择

"是"，这两种方法效果相同，都可以保存 Excel 修改的内容。一般而言，因为每写一次都保存，效率较低，所以建议设置【写入单元格】命令的"立即保存"属性为"否"。

例如，图 3.14 所示的命令在"员工信息.xlsx"工作簿 Sheet1 工作表的 F1 单元格写入"总计"；在 F2 单元格，写入 Excel 公式"=sum（D2:D5）"，则 Excel 会自动计算公式的值，其结果如图 3.15 所示。

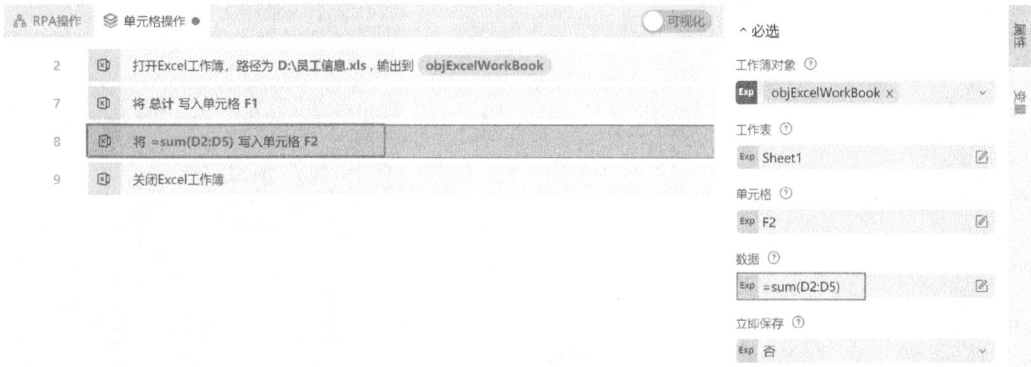

图 3.14　【写入单元格】命令设置

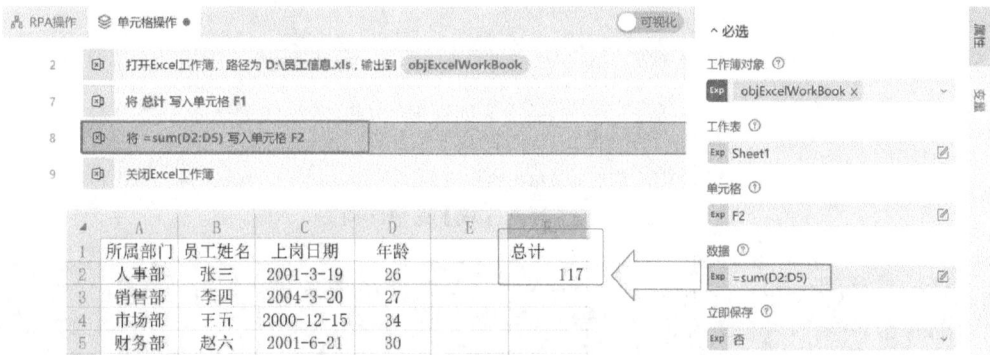

图 3.15　【写入单元格】命令结果

2. 写入区域

【写入区域】命令可以将数据写入 Excel 工作表中从指定单元格（"开始单元格"）开始的区域。"工作簿对象""工作表"以及"立即保存"三个属性的含义与【写入单元格】命令一致。"开始单元格"指定数据写入的开始位置。"数据"属性则是写入一个二维数组。

图 3.16 所示为使用【写入区域】命令在"员工信息.xlsx"工作簿的 Sheet1 工作表中从 A6 开始的位置插入两条员工信息。命令结果如图 3.17 所示。

3. 写入行、列

【写入行】、【写入列】命令分别将数据写入 Excel 工作表中从"单元格"开始的行或列。"数据"属性填入一个一维数组。

例如，图 3.18 所示的【写入行】命令在"员工信息.xlsx"工作簿的 Sheet1 工作表中 A8 开始的位置写入一行，图 3.19 所示的【写入列】命令在"员工信息.xlsx"工作簿的 Sheet1 工作表中 E1 开始的位置写入一列。命令结果如图 3.20 所示。

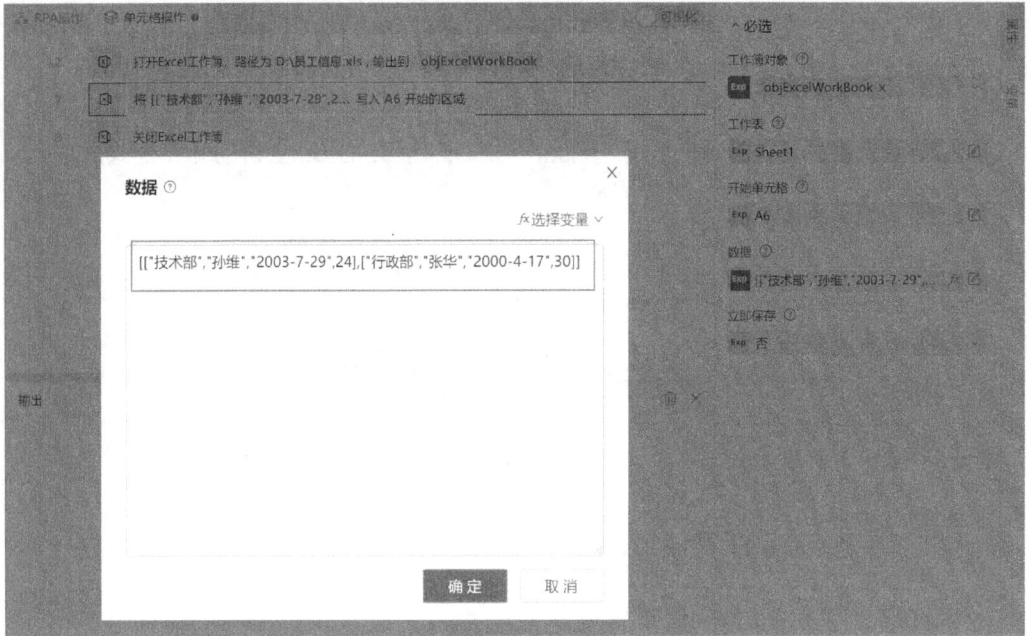

图 3.16 【写入区域】命令设置

图 3.17 【写入区域】命令结果

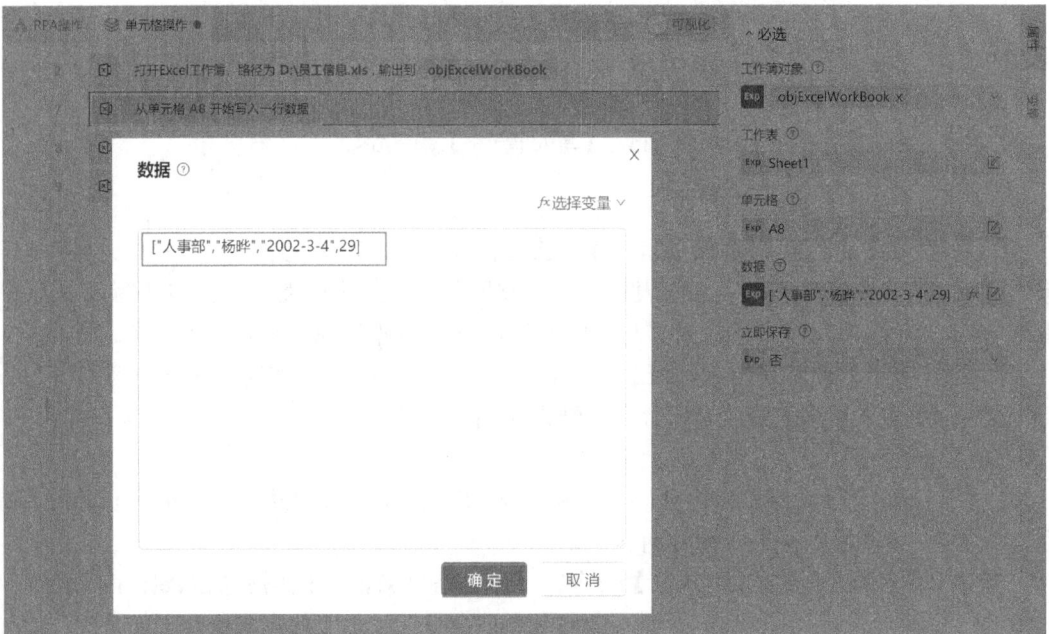

图 3.18 【写入行】命令设置

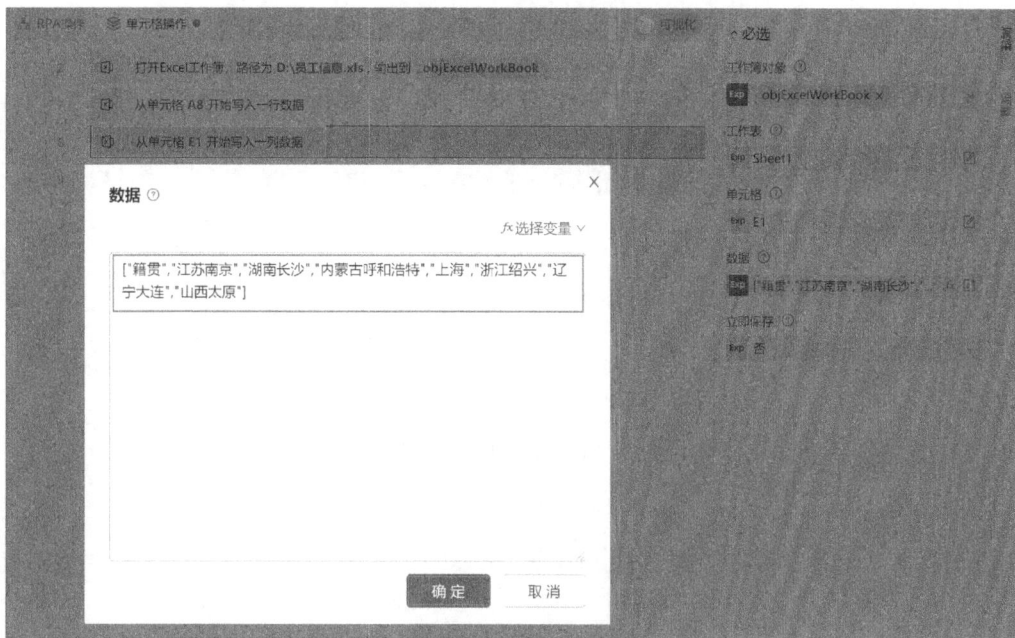

图 3.19　【写入列】命令设置

4. 插入行、列

【插入行】、【插入列】分别在"单元格"所在行、列之前插入一行或一列数据。两者的属性设置与【写入行】【写入列】一致，如图 3.21 所示。

图 3.20　【写入行】【写入列】命令结果　　　　　图 3.21　【插入行】【插入列】命令属性

5. 自动填充区域

【自动填充区域】命令用源区域的值对目标区域的单元格进行自动填充。"源区域"指定填充的数据，"目标区域"指定待填充的单元格。区域的表示方法与【读取区域】命令一致。例如，图 3.22 所示的命令在工作表 Sheet1 中，用 A1:A2 单元格的数据自动填充 A1:A10 单元格，命令执行结果如图 3.23 所示。

图 3.22　【自动填充区域】命令设置

图 3.23　【自动填充区域】命令结果

3.2.3　删除内容

1. 删除区域

【删除区域】删除指定区域的内容。【删除区域】命令的属性与【写入区域】命令一致。例如，图 3.24【删除区域】命令删除 A2 单元格到 D4 单元格的内容。指定区域内容删除后，其他单元格的位置会自动调整。

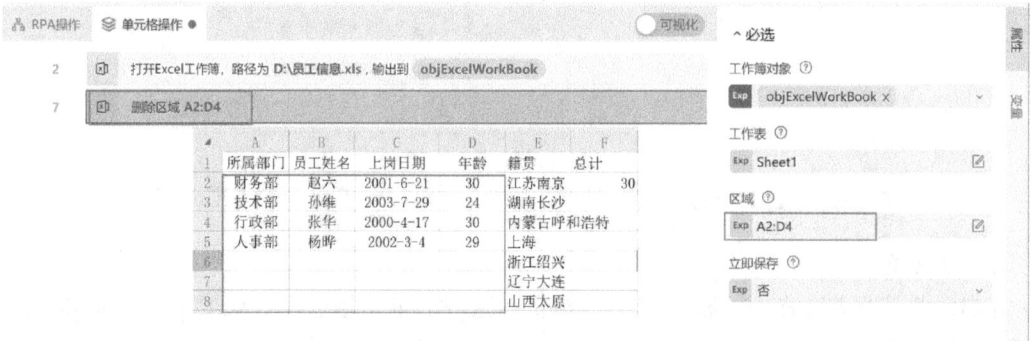

图 3.24　【删除区域】命令设置

需要注意的是，在 UiBot 中并没有删除单元格的命令。但是当删除区域的开始单元格与结束单元格一致时，利用【删除区域】命令可实现删单元格内容的功能。如图 3.25 所示，将【删除区域】命令的区域设置为"C2:C2"，即可删除 C2 单元格的内容。

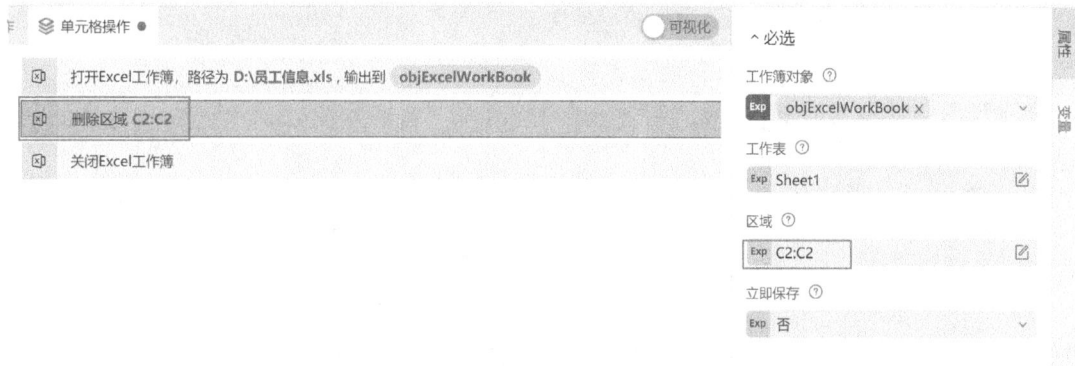

图 3.25　使用【删除区域】命令实现删除单元格

2．删除行、列

【删除行】【删除列】分别删除 Excel 工作表指定行、列的内容。【删除行】【删除列】命令分别在"单元格或行号""单元格或列号"属性中指定要删除的行或列。除了用单元格指定行、列外，还可以用行号、列号来表示要删除的行、列，例如图 3.26【删除行】命令设置"单元格或行号"为 4，表示删除第 4 行的内容；【删除列】命令设置"单元格或列号"为 E1，表示删除单元格 E1 所在列。

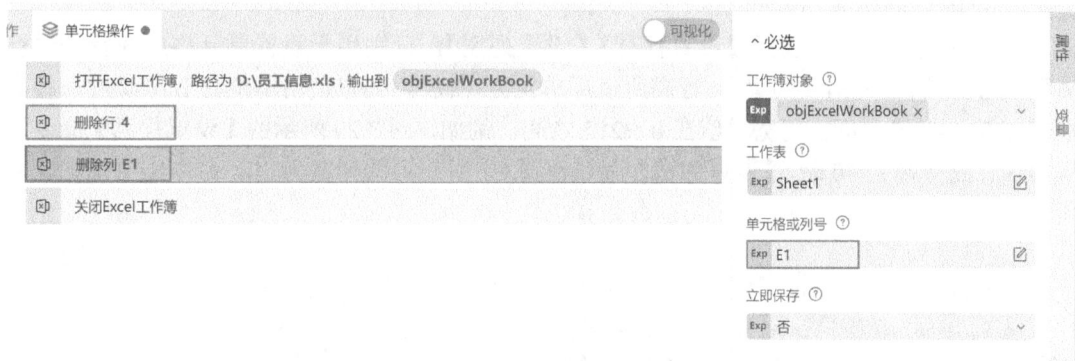

图 3.26　【删除行】【删除列】命令设置

3.2.4　设置单元格格式

1．设置颜色

颜色设置命令包括【设置单元格颜色】【设置区域颜色】【设置单元格字体颜色】【设置区域字体颜色】。

【设置单元格颜色】以及【设置区域颜色】设置的是单元格的背景色，而【设置单元格字体颜色】【设置区域字体颜色】设置的是单元格文字的颜色。颜色设置命令有一个特殊的属性："颜色"，该属性用一个一维数组来表示颜色。图 3.27 所示的颜色设置命令对"员工信息.xlsx"的 Sheet1 工作表进行颜色设置，设置单元格 A1 的背景色为浅灰色，字体颜色为红色，设置区域"A2:E3"的背景色为深灰色，字体颜色为绿色。命令结果如图 3.28 所示。

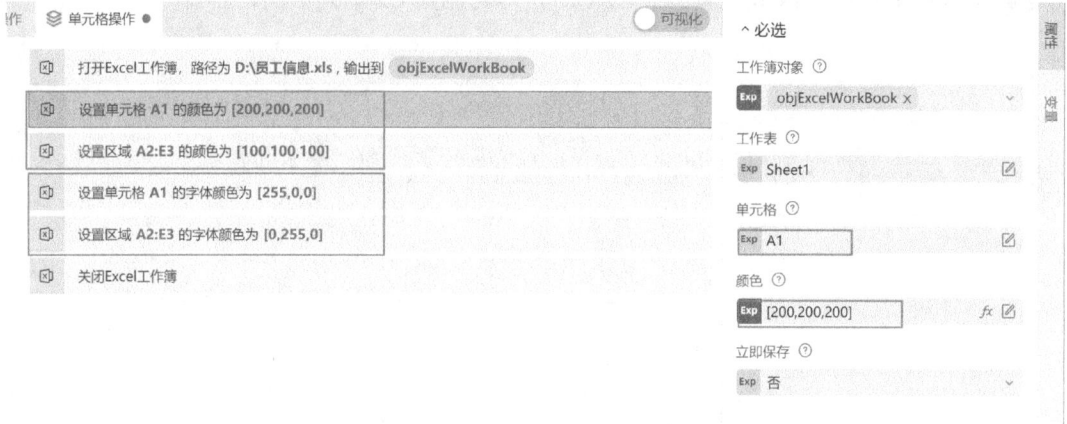

图 3.27　【设置单元格颜色】、【设置区域颜色】命令设置

图 3.28　【设置单元格颜色】【设置区域颜色】命令结果

2. 设置行高列宽

行高列宽设置命令包括【设置行高】【设置列宽】，分别用于设置单元格所在行的"行高"、单元格所在列的"列宽"。行高所使用单位为"磅"，列宽使用单位为 1/10 英寸。行高取值在 0~409.5 之间，列宽取值在 0~255 之间。例如，图 3.29 所示的【设置行高】命令设置第 3 行的行高为 40 磅，【设置列宽】命令设置 C1 所在列的列宽为 30。命令结果如图 3.30所示。

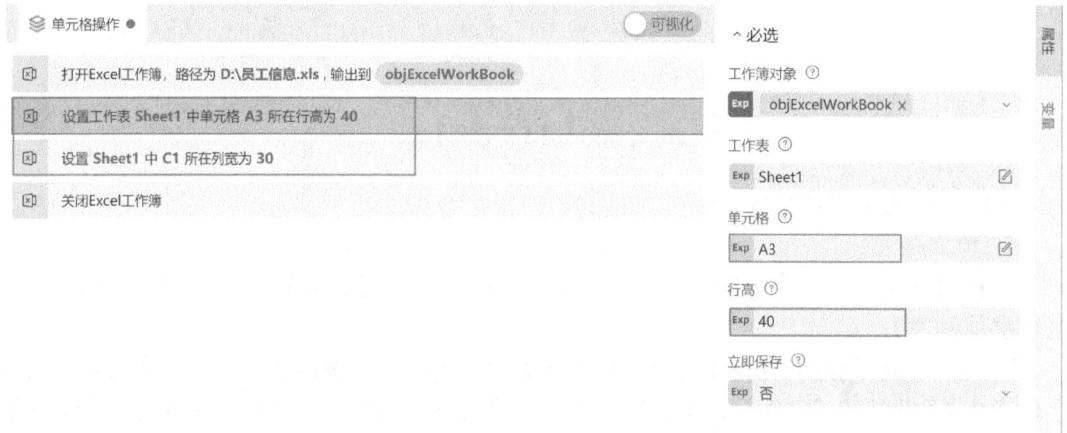

图 3.29　【设置行高】【设置列宽】命令属性

图 3.30　【设置行高】【设置列宽】命令结果

3. 合并或拆分单元格

【合并或拆分单元格】命令对指定"单元格"进行合并与拆分。"单元格"属性填写待合并或拆分的单元格区域，"是否合并"属性是一个布尔值，当选择"是"时，表示合并单元格，反之，表示拆分单元格。例如，图 3.31 所示的【合并或拆分单元格】命令指的是合并 A2、E1 两个单元格。命令结果如图 3.32 所示。

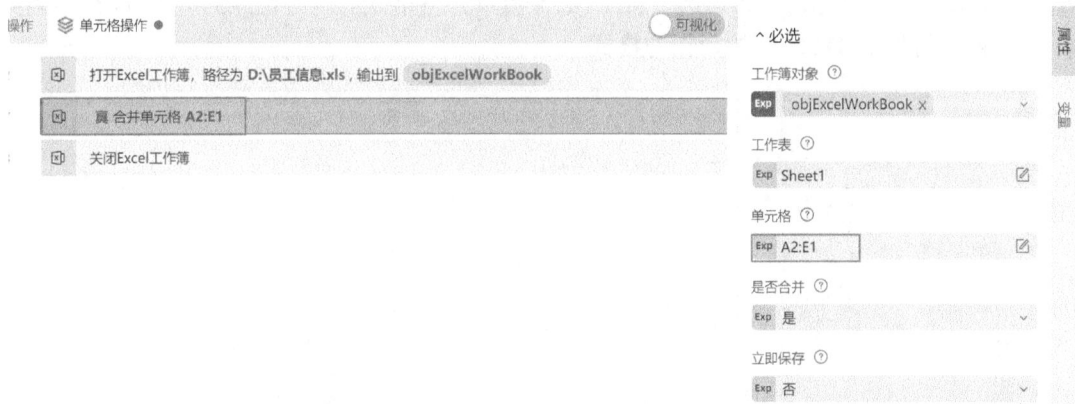

图 3.31　【合并或拆分单元格】命令设置

图 3.32　【合并或拆分单元格】命令结果

3.2.5　其他

1. 选中区域

【选中区域】命令用于选中工作表的指定区域。例如，图 3.33 所示的【选中区域】命令选中"员工信息.xlsx"工作簿 Sheet1 工作表的 A2:D3 区域。

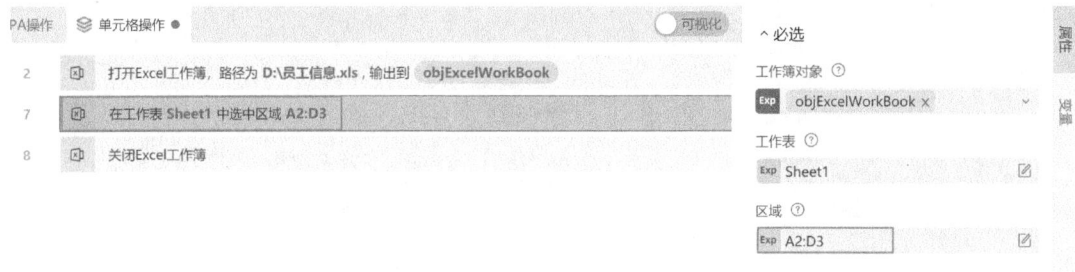

图 3.33 【选中区域】命令设置

2. 清除区域

【清除区域】命令清除工作表的指定区域的数据与格式。与【删除区域】类似的是，【清除区域】也可用于"清除单元格"。但是与【删除区域】相比，删除区域后，下方或右方的单元格会发生位移；清除区域只清除区域的数据与内容，周围的单元格不受影响。"清除格式"属性可设置清除数据时，是否清除单元格的格式。如果选"是"，则删除单元格格式，单元格还原为默认单元格；如果选"否"，则保留单元格格式。例如图 3.34 所示的【清除区域】命令，清除 A3:D2 区域的数据与格式。

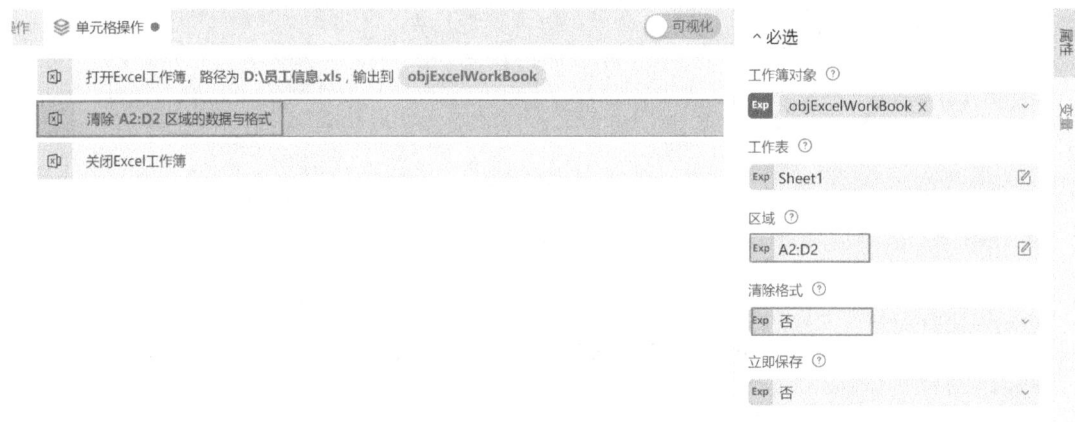

图 3.34 【清除区域】命令设置

3. 查找数据

【查找数据】命令是指在工作表指定区域查找数据，并将查找到的数据位置信息存放在数组中。如果没有找到该数据，则返回一个空数组。

"返回索引"设置为"是"时，返回数据位置用索引表示，比如用［3，4］表示 D3 单元格；设置为"否"时，直接用"D3"表示单元格的位置。"全部返回"设置为"是"时，返回查找到的所有数据的位置；设置为"否"时，只显示查找到的第一个数据的位置。例如，如图 3.35 所示，使用【查找数据】命令在"员工信息.xlsx"工作簿 Sheet1 工作表的 A1:E8 区域中查找 24 这个数据。

图 3.35　【查找数据】命令设置与结果显示

4. 获取行数、列数

【获取行数】、【获取列数】命令分别返回工作表中有数据的行总数、列总数。图 3.36 所示的【获取行数】、【获取列数】命令返回"员工信息.xlsx"工作簿 Sheet1 工作表中有数据的行总数为 8，列总数为 6。

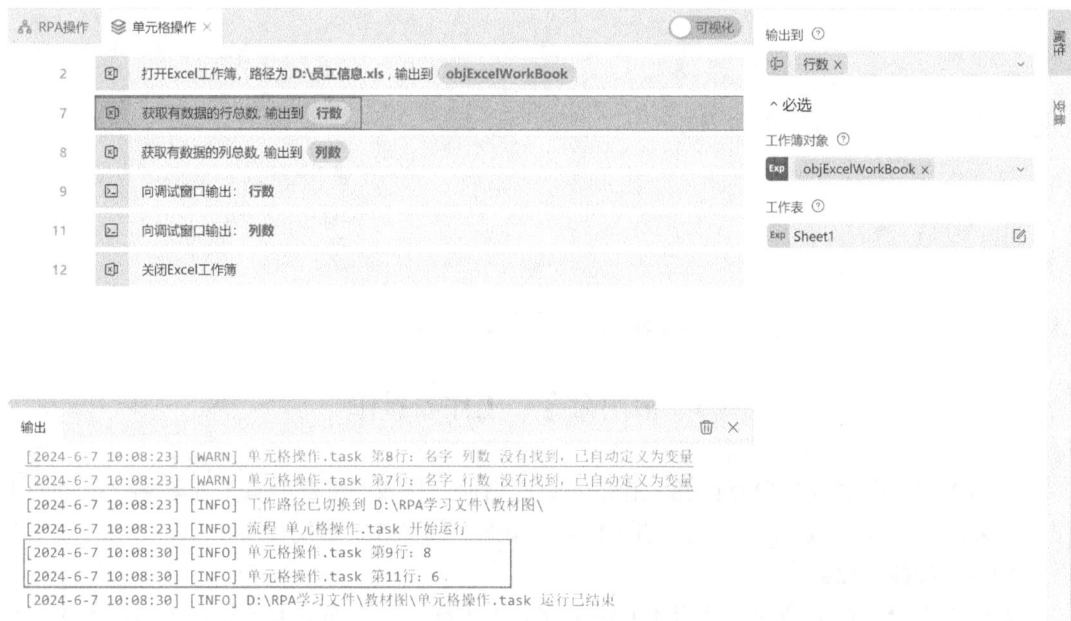

图 3.36　【获取行数】、【获取列数】命令属性与结果显示

5. 插入图片、删除图片

【插入图片】命令指的是在工作表中插入图片，若指定图片名称存在，则替换已存在图片。该命令属性如图 3.37 所示，该图片的命令属性中"图片文件"为指定图片文件的路径与文件名。"图片名字"是默认为空字符串，由 Excel 自动编排。

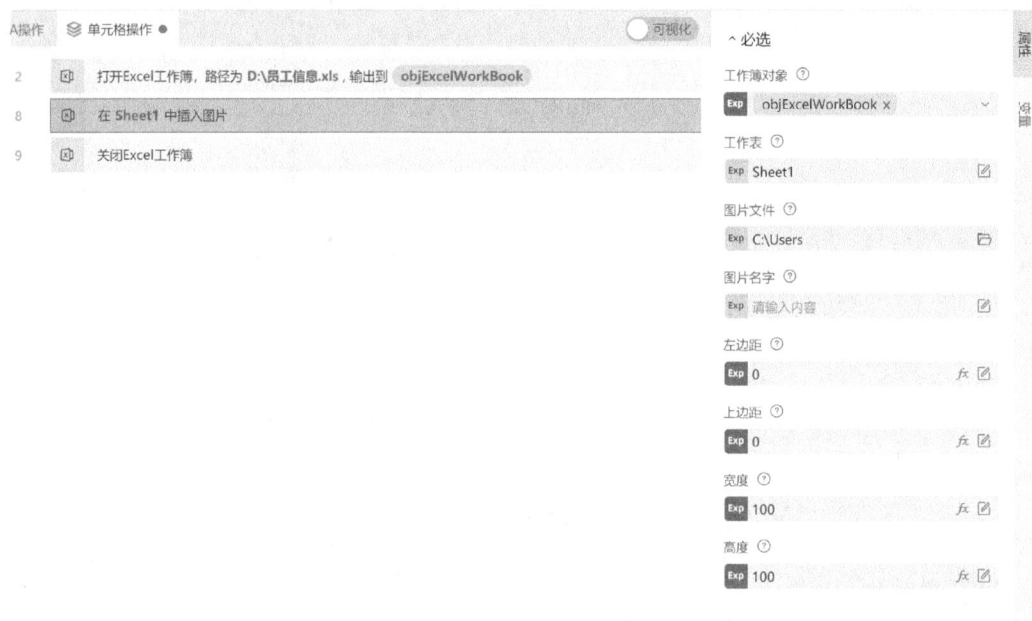

图 3.37　【插入图片】命令属性

【删除图片】命令是指删除工作表中的指定图片，该命令属性如图 3.38 所示。

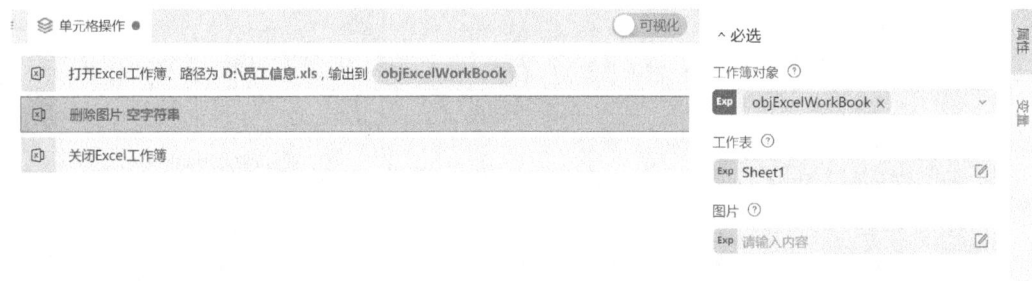

图 3.38　【删除图片】命令属性

3.3　常用命令：工作表操作

工作表的相关命令主要有创建工作表、获取当前工作表、获取所有工作表名、重命名工作表、复制工作表、激活工作表、删除工作表操作，如图 3.39 所示。

3.3.1　编辑工作表

编辑工作表的相关命令主要有【创建工作表】、【重命名工作表】、【复制工作表】、【激活工作表】、【删除工作表】操作。

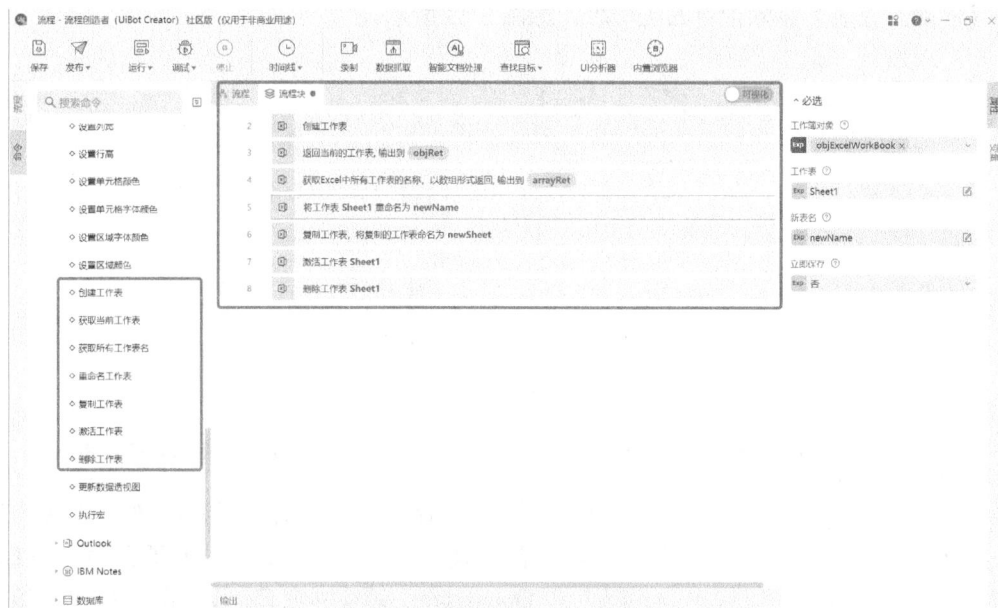

图 3.39　"工作表"相关命令

【创建工作表】命令是指创建一个新的 Sheet，插入在当前激活的 Sheet 之前或者之后，创建完成后会激活此 Sheet，"工作簿对象"属性表示创建的新工作表名，"插入参照表"属性可选择"之前"或"之后"，参照表表示创建工作表时作为位置参考的工作表，"立即保存"属性可选择"是"或"否"，表示操作完成后是否立即保存，如图 3.40 所示。

【复制工作表】创建一个工作表，并将指定工作表数据复制到创建的工作表中，如图 3.41 所示。"复制工作表"属性如果使用字符串，则表示指定工作表的名字；如果使用数字，则表示指定工作表的顺序（从 0 开始）。"新表名"指定新创建的工作表名称。

图 3.40　【创建工作表】命令属性

图 3.41　【复制工作表】命令属性

【激活工作表】激活指定的工作表，如图 3.42 所示。该命令"工作表"属性如果使用字符串，则表示指定工作表的名字；如果使用数字，则表示指定工作表的顺序（从 0 开始）。

【删除工作表】删除指定的工作表，如图 3.43 所示。

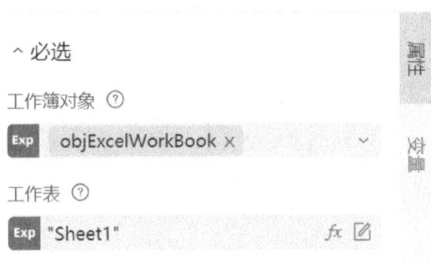

图 3.42 【激活工作表】命令属性

图 3.43 【删除工作表】命令属性

图 3.44 【重命名工作表】命令属性

【重命名工作表】命令的"工作簿对象"属性表示使用【打开 Excel 工作簿】命令（Excel.OpenExcel）或【绑定 Excel 工作簿】命令（Excel.BindBook）返回的工作簿对象，"工作表"属性表示要重命名的工作表，如果使用字符串，则表示指定工作表的名字；如果使用数字，则表示指定工作表的顺序（从 0 开始）。"新表名"属性表示重命名后的表格名称，如图 3.44 所示。

3.3.2　获取工作表信息

获取工作表信息的相关命令包括【获取当前工作表】、【获取所有工作表名】。

【获取当前工作表】获取指定工作簿下已经激活的工作表，"返回表名"属性为"是"时，返回激活工作表的表名；为"否"时，返回激活工作表的顺序，如图 3.45 所示。

【获取所有工作表名】获取指定工作簿下所有工作表名，返回一个数组，如图 3.46 所示。

图 3.45 【获取当前工作表】命令属性

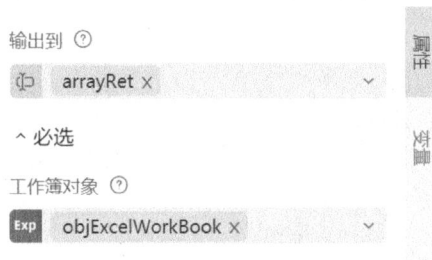

图 3.46 【获取所有工作表名】命令属性

【例 3-1】工作表操作。

请你编写一个流程：① 打开表 "test.xlsx"。② 若不存在 "sheet1 副本"，则复制 Sheet1 工作表，并命名为 "sheet1 副本"；若存在 "sheet1 副本"，则输出调试信息 "sheet1 副本已存在"。③ 关闭工作簿。

运行流程块，查看运行结果，如图 3.47 所示。第一次运行流程块，在 Excel 文件中添加 "sheet1 副本" 工作表；第二次运行流程块，提示 "sheet1 副本已存在"。

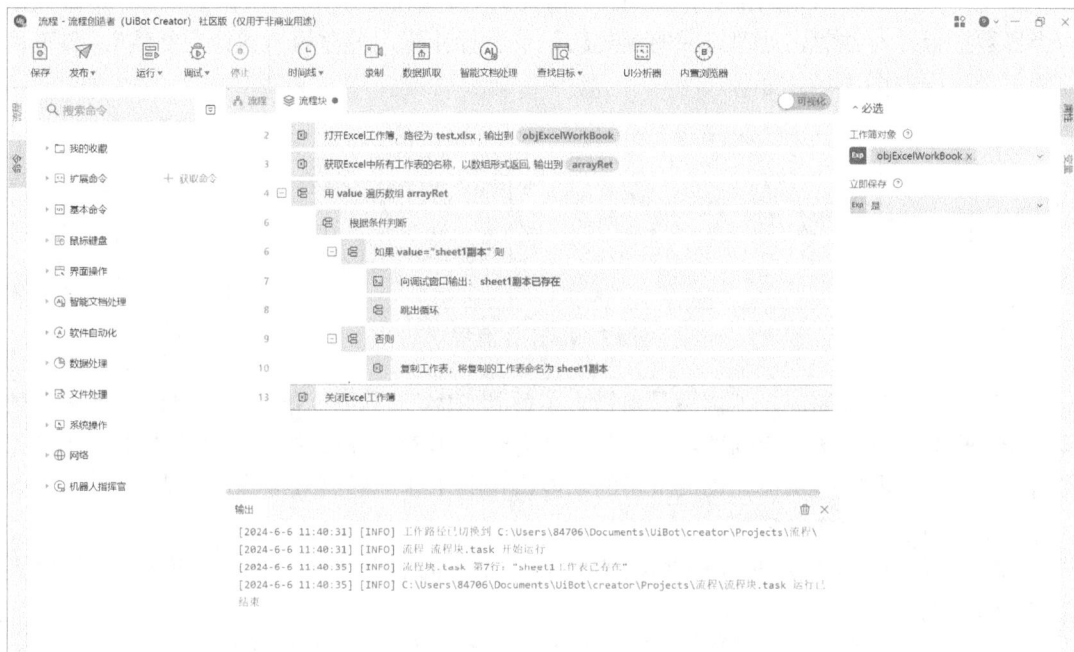

图 3.47　运行结果

3.4　常用命令：执行宏

宏（Macro）是一种用于自动化任务的编程代码或脚本。在 Office 软件（如 Excel、Word、PowerPoint）中，宏是一组预定义的操作序列，可以通过录制用户在软件中执行的一系列操作来创建。宏可以记录和执行一系列的命令和操作，包括文本编辑、格式化、数据处理、图表创建、自动化报告生成等。通过录制宏，用户可以将自己在 Office 软件中的操作转化为可重复执行的代码，从而实现自动化操作，提高工作效率。

UiBot 的【执行宏】命令可以执行 Excel 文件中的宏，如图 3.48 所示。"宏定义" 填写宏的名称，可以是 sub、function。"宏参数" 填写传递给

图 3.48　【执行宏】命令属性

宏的参数，如调用 subSum（1，2），则传递［1，2］。在 Office2016 版本中，含有宏的文件必须保存为"Excel 启用宏的工作簿"（.xlsm 格式文件）。

3.5　案例实战：两金一款机器人

3.5.1　需求分析

小王是某电力公司采购部的一名员工，每天上班后他根据当日到货款数据，将昨日数据与当日数据合并，并对已处理完成的到货款记录进行计算，另存为"累计到货款"。小王目前的工作流程如图 3.49 所示。

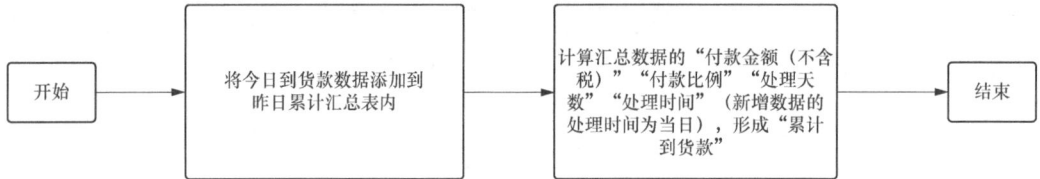

图 3.49　工作流程

这项工作重复度高，人工摘录易出错，了解到 RPA 工具可以帮助企业自动化到货款处理流程，提高处理效率和准确性，小王希望能有一个 RPA 机器人帮助他减少人工操作的工作量和错误率，同时提供自动生成报表的功能，使其工作能够高效准确地完成。

3.5.2　自动化流程设计

RPA 咨询分析师在分析小王的需求后，结合小王的痛点问题，设计的两金一款机器人工作流程如图 3.50 所示。

机器人打开今日到货款数据表，将当天数据和昨日数据汇总生成当日《到货款处理表》，并分别计算已处理数据中的"付款金额（不含税）""付款比例""处理天数""处理时间"（已处理数据的处理时间为当日），计算完成后将数据写入当日的《到货款处理表》中。

与现有的流程相比，机器人替代小王处理数据，减轻了小王的机械重复性工作量，也减少了人工操作错误，有利于提升小王的工作满意度。

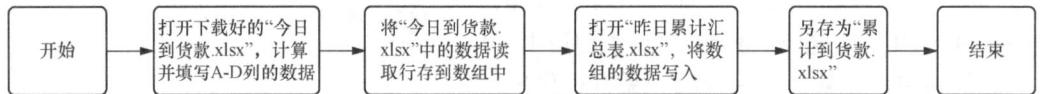

图 3.50　两金一款机器人工作流程

3.5.3　开发步骤

步骤 1：新建一个流程，在流程图界面中绘制流程块。

步骤 2：将"到货款处理 20240816.xlsx"文件和"到货款处理 20240817.xlsx"放置在 res 目录下。

步骤 3：添加【打开 Excel 工作簿】命令，文件路径选择 res 目录下"到货款处理 20240817.xlsx"，输出到"今日到货款"，打开方式选择 Excel，如图 3.51 所示。

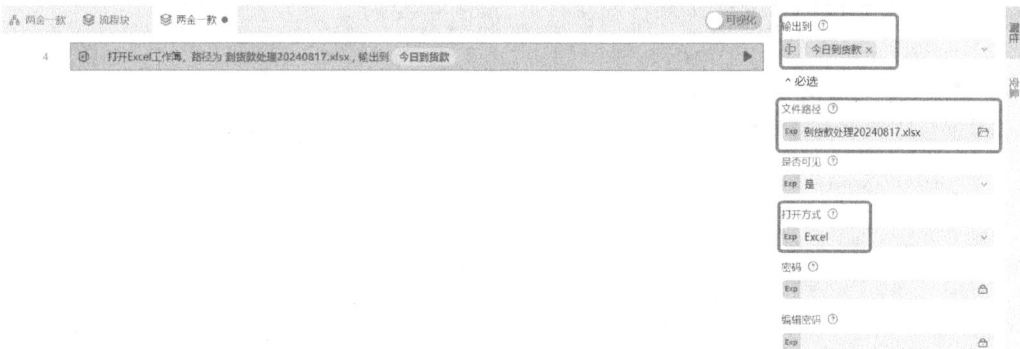

图 3.51 步骤 3

步骤 4：添加【获取行数】命令，工作簿对象选择"今日到货款"，如图 3.52 所示。

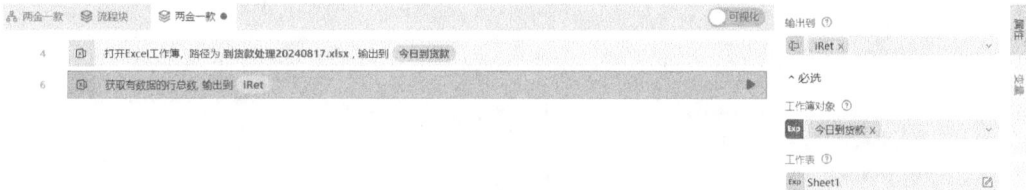

图 3.52 步骤 4

步骤 5：添加【从初始值开始按步长计数】命令，初始时为 0，结束值为"iRet-2"，步长为 1。

步骤 6：添加【读取单元格】命令，单元格为""Q"& i+2"（专业模式），输出到"付款方式"，工作簿对象选择"今日到货款"，如图 3.53 所示。

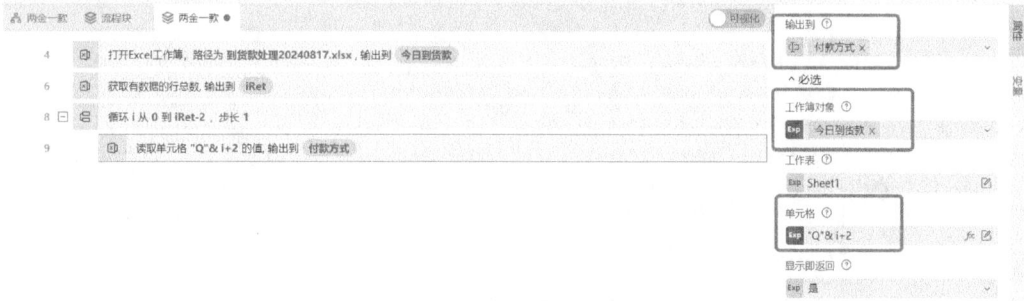

图 3.53 步骤 6

步骤 7：添加【抽取字符串中数字】命令，目标字符串为"付款方式"，输出到"付款比例"。

步骤 8：添加【写入单元格】命令，单元格为""D"&i+2"，数据为"付款比例"，如图 3.54 所示。

步骤 9：添加【读取单元格】命令，单元格为""T"& i+2"（专业模式），输出到"ERP

过账时间”，工作簿对象选择“今日到货款”，如图 3.55 所示。

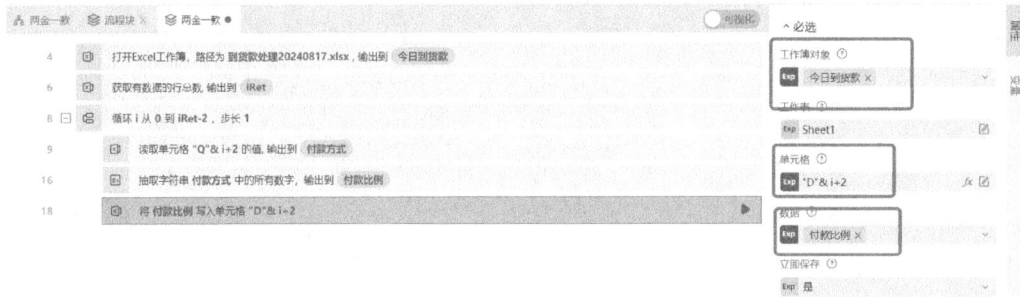

图 3.54　步骤 8

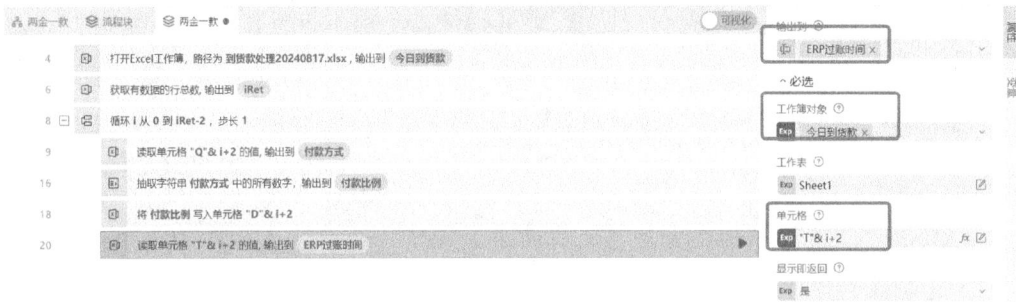

图 3.55　步骤 9

步骤 10：添加【获取时间（日期）】命令，输出到“dTime”。

步骤 11：添加【字符串转换为时间】命令，如图 3.56 所示。

图 3.56　步骤 11

步骤 12：添加【计算时间差】命令，时间一选择“dTime”，时间二选择“ERP 过账时间”。

步骤 13：添加两个【写入单元格】命令，将“dTime”和“ERP 过账时间”分别写入，如图 3.57 所示。

步骤 14：添加【读取单元格】命令，如图 3.58 所示。

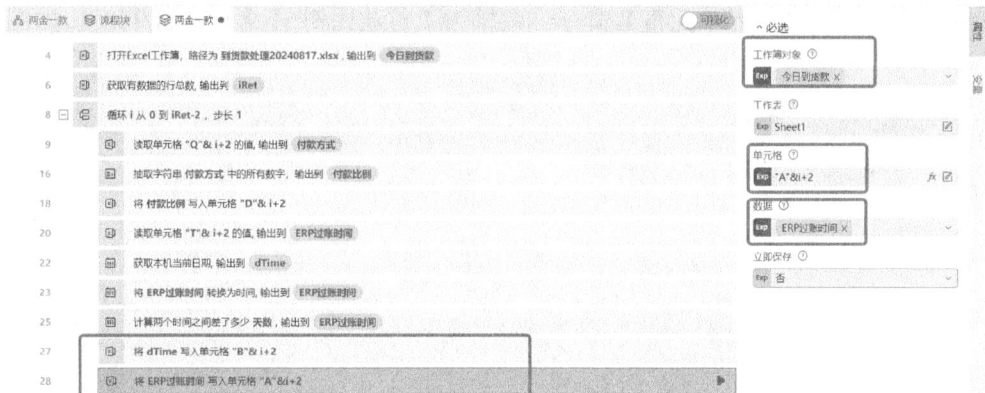

图 3.57　步骤 13

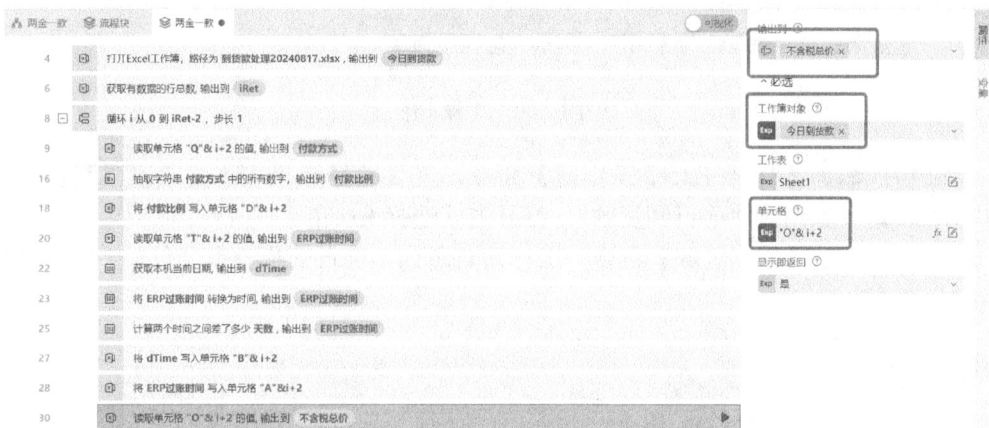

图 3.58　步骤 14

步骤 15：添加【转换为小数数据】命令，将"付款比例"和"不含税总价"进行转换，如图 3.59 所示。

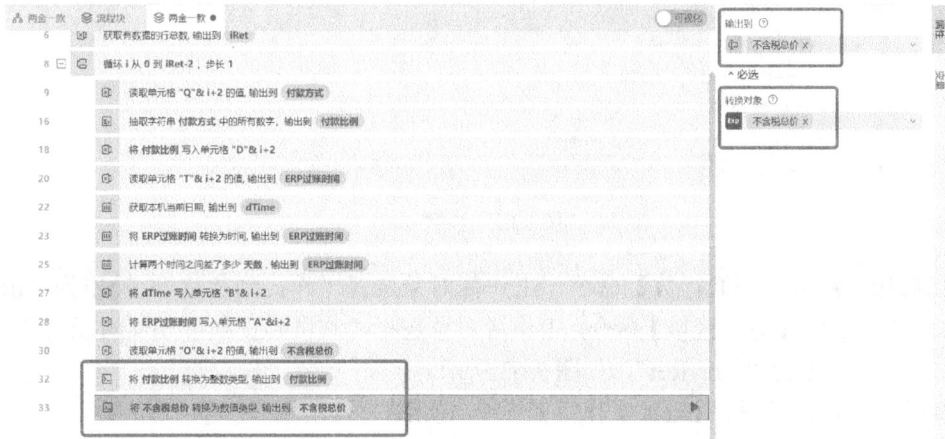

图 3.59　步骤 15

步骤 16：添加【写入单元格】命令，数据为"付款比例*不含税总价/100"，如图 3.60 所示。

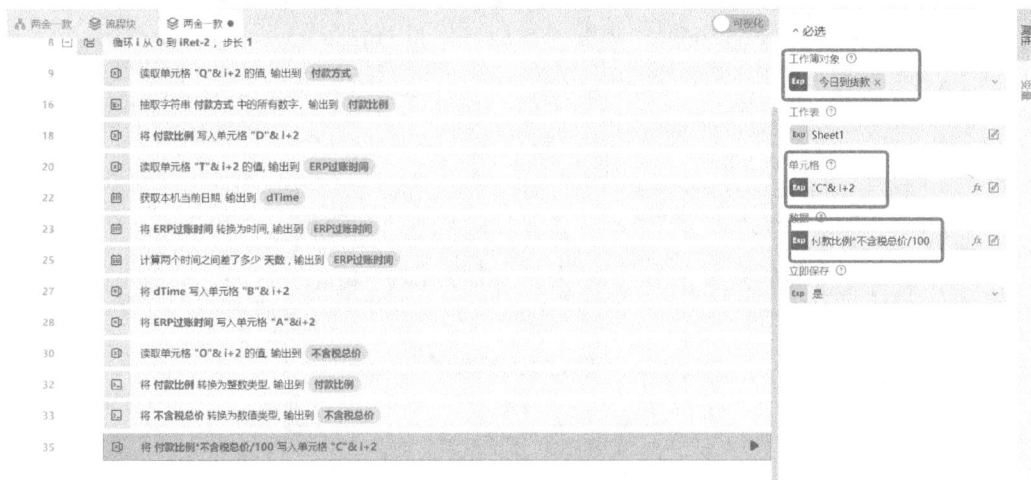

图 3.60　步骤 16

步骤 17：添加【打开 Excel 工作簿】命令，文件路径选择 res 目录下"到货款处理 20240816.xlsx"，输出到"昨日到货款"，打开方式选择 Excel。

步骤 18：添加【读取区域】命令，工作簿对象为"今日到货款"，区域为""A2:T"& iRet"，如图 3.61 所示。

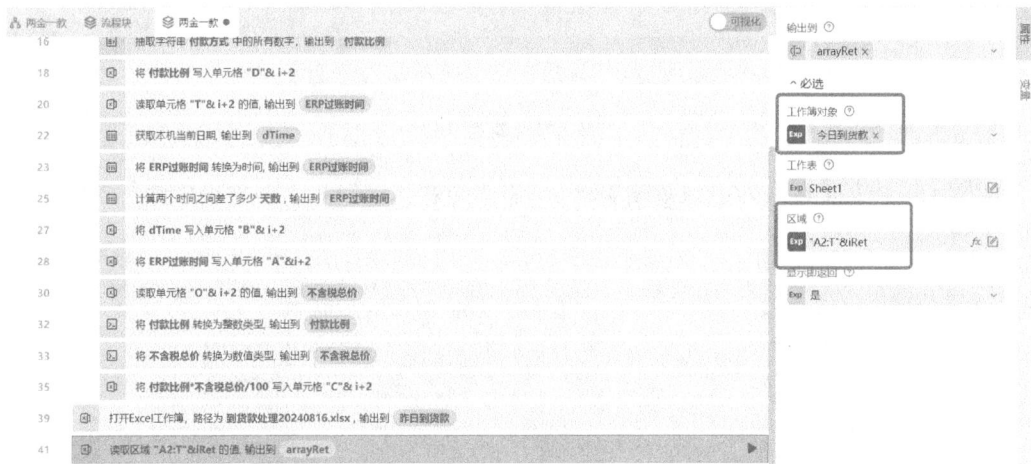

图 3.61　步骤 18

步骤 19：添加【获取行数】命令，工作簿对象选择"昨日到货款"，输出为"iRet2"。

步骤 20：添加【写入区域】命令，工作簿对象选择"昨日到货款"，开始单元格为""A" & iRet2 +1"，数据为"arrayRet"，如图 3.62 所示。

步骤 21：添加【另存 Excel 工作簿】命令，如图 3.63 所示。

【结果展示】：运行该流程，可得"累计到货款"，如图 3.64 所示。

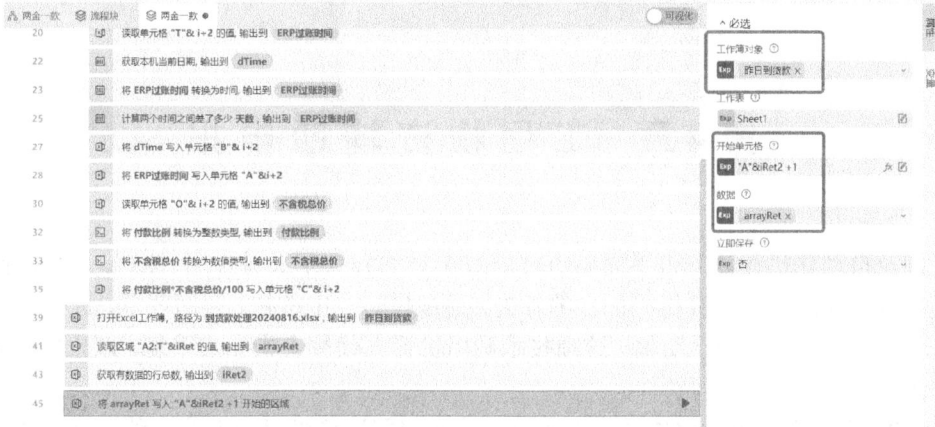

图 3.62　步骤 20

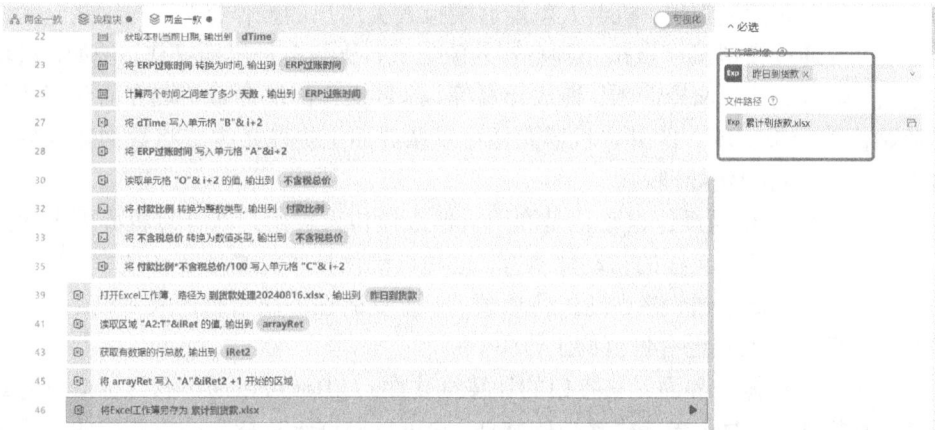

图 3.63　步骤 21

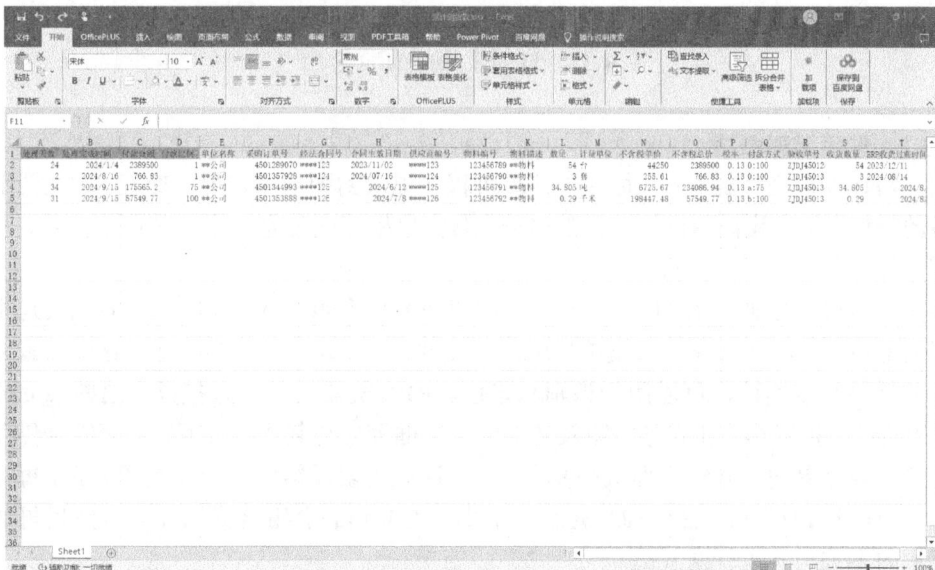

图 3.64　运行结果

第4章 工程物资辅助申报

当涉及自动化执行计算机界面操作时，RPA技术发挥了关键作用。RPA界面操作自动化基于模拟人类用户在计算机界面上的行为，通过模仿点击按钮、填写表单、选择选项等操作，实现了对界面操作的自动化。这项技术利用机器人代替人类完成重复、烦琐的任务，有效提高了工作效率和准确性。

在RPA界面操作自动化中，机器人首先需要识别计算机界面上的各种元素，如按钮、文本框、下拉列表等。这可以通过使用图像识别技术、元素属性识别或屏幕坐标定位等方法来实现。一旦界面元素被识别，机器人就能够模拟人类用户的操作行为，与这些元素进行交互。机器人可以通过模拟鼠标点击和键盘输入的方式，执行多种界面操作。例如，机器人可以点击按钮、输入文本、选择选项、拖放元素等。这种操作能够通过读取界面元素的属性值或使用剪贴板功能来实现。此外，机器人还可以从界面上提取数据或将数据输入界面元素中，以实现数据的自动化处理。

总的来说，RPA界面操作自动化是利用机器人模仿人类用户在计算机界面上的操作行为，来实现对界面任务和流程的自动化执行。这种自动化技术提高了工作效率，减少了人工操作的工作量，并降低了错误率。通过将烦琐的、重复的任务交给机器人完成，人们可以将更多的时间和精力投入到更有价值的工作中。

对于提供查找和操作界面元素接口的计算机软件，UiBot可以通过有目标命令对其中的界面元素进行操作，而对于未提供接口的软件，它可以通过无目标命令以图像的形式对界面进行操作。本章将主要对有目标命令和无目标命令的使用进行介绍。

4.1 有目标命令

4.1.1 界面元素概述

用户与计算机交互的时候，往往与计算机程序提供的图形用户界面交互。这些图形界面各有各的特色，但当我们用鼠标点击的时候，其实鼠标下面都是一个小的图形部件，我们把这些图形部件称为"界面元素"。

界面元素可能是独立的，也可能互相之间存在着嵌套组合关系。独立界面元素是指在计算机界面上单独存在的元素，如菜单栏中的"文件""编辑""工具"等，这些元素通常具有唯一的标识符或属性，可以用于识别和定位。RPA机器人可以直接操作这些独立界面元素，例如通过模拟鼠标点击按钮、输入文本到文本框等来与其进行交互。嵌套组合界面元素是指由多个独立界面元素组合而成的复杂元素，这些元素通常包含一系列子元素，每个子元素具有自己的标识符或属性。RPA机器人需要先定位到嵌套组合界面元素，然后再通过定位子元素的方式与其进行交互。

在 UiBot 中，可通过有目标命令对界面元素进行操作。所谓"有目标命令"，是指在命令中指定了一个界面元素，在运行的时候，流程会首先查找这个界面元素是否存在。如果存在，则操作会针对这个界面元素进行；如果不存在，则会反复查找，直到超过指定的时间，即"超时"为止。相反，对于"无目标命令"，无须在命令中指定界面元素。命令树中的"界面元素""窗口""文本"类别下的所有命令，"鼠标""键盘"类别下包含"目标"两个字的命令，均为有目标命令。在使用 UiBot 时，因为有目标命令对界面元素的选择要准确很多，所以建议优先使用有目标命令，只有在找不到目标的时候，才使用无目标命令。

4.1.2　目标选取

1. 目标选取与编辑

UiBot 提供了一种自动的目标选取方式，以"鼠标"命令树中的"点击目标"命令为例，该命令有两种目标选取方式，分别是"从界面上选取"和"从界面库选择"，如图 4.1 所示。点击"从界面上选取"，会显示出一个半透明遮罩，称为"目标选择器"，目标表选择器会出现在鼠标移动的任意地方，直到单击鼠标左键，目标选择器才会消失，UiBot 的界面才会重新出现。在按下鼠标的时候，目标选择器所遮住的界面，就是我们选择的目标。

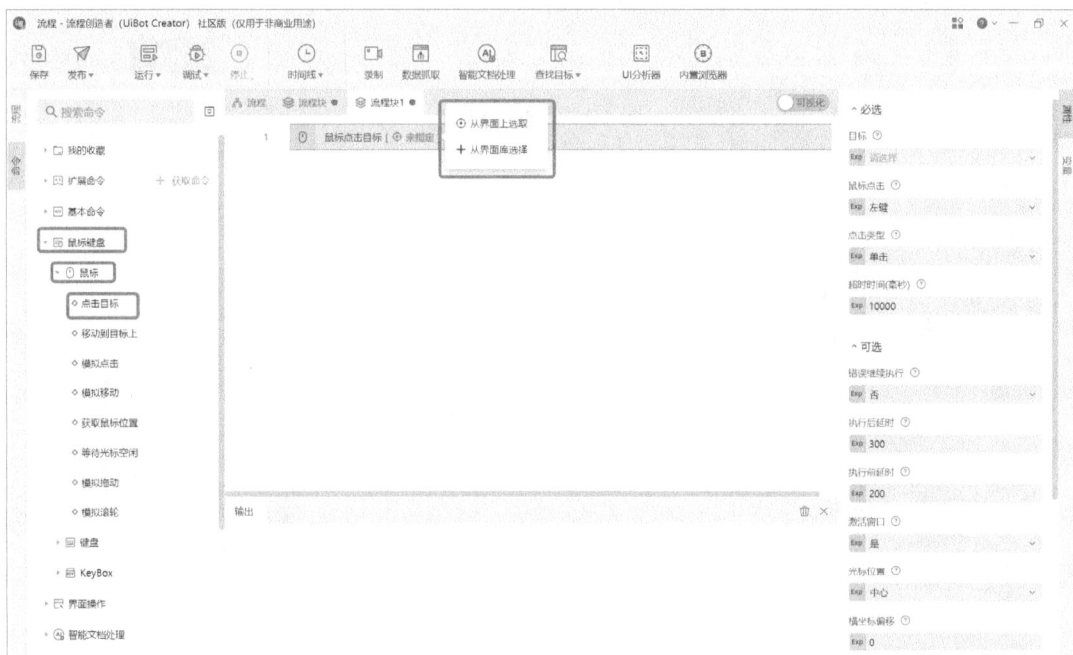

图 4.1　鼠标【点击目标】命令

目标选择后，鼠标【点击目标】命令的"目标"属性会自动填写上刚刚选择好的目标。点击目标属性的编辑按钮，会显示"目标编辑器"界面。"目标编辑器"将指定目标（即某一个界面元素）的架构详细展现出来，在目标选择出现漏选或多选的时候，可通过"目标编辑器"对选择目标进行编辑，如图 4.2 所示。

在流程编辑的过程中，用户在从界面选取元素的时候，UiBot 会自动将取到的元素保存在"界面库"中（见图 4.3），方便用户下次重复使用。用户也可以通过"界面库"的"添加新元素"选项直接向界面库中添加新元素。

图 4.2　目标编辑器

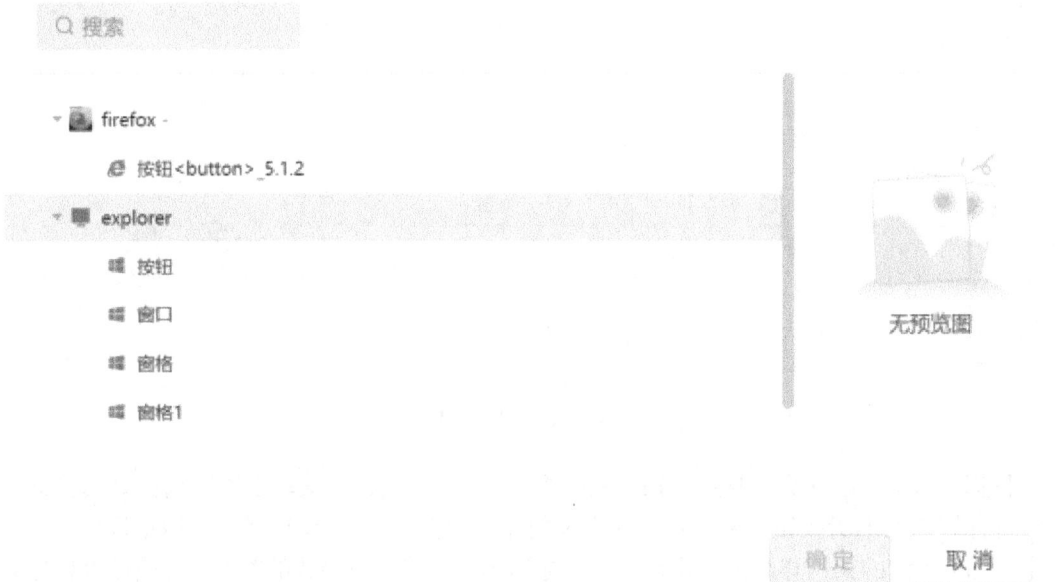

图 4.3　界面库

2. UI 分析器

　　一般而言，对于比较简单的界面，直接选择界面元素即可，但总会存在界面特别复杂的情况，例如包含文字、图片、图标等众多界面元素，各元素特征不一，嵌套关系错综复杂，稍不注意就会搞错。使用 UI 分析器，就可以很好地解决这个问题。UI 分析器具有元素识别和定位的能力，可以提供元素的定位方式，如元素 ID、XPath 路径、CSS 选择器等。此外，它还能提供界面元素的属性信息，如类型、名称、文本内容和位置坐标等。UI 分析器还能分析界面元素的层次结构，帮助机器人理解和操作复杂的嵌套组合界面元素。通过可视化展示界面元素，如界面截图、元素树状图和属性表格等，UI 分析器可使用户更方便地识别和理解界面，还能轻松地定位到父元素、子元素或兄弟元素，从而提高 RPA 的开发效率和准确性，并加速自动化过程的实施。

　　【例 4-1】UI 分析器：在百度搜索结果页面获取图片的链接地址。

　　在百度搜索"淘宝"，跳转至搜索结果界面，可以看到百度百科中淘宝的图片、介绍、链接地址等。通过"从界面上选取"功能，希望获取淘宝图片的链接地址。

　　步骤 1：创建流程，并在浏览器打开百度，搜索"淘宝"。

　　步骤 2：添加【获取元素属性】命令。单击"确定"，设置属性名为"href"，点击"从界面上选取"。HTML 中，href 为表示链接地址的属性。

　　步骤 3：通过目标选择器，选择第一条信息中的淘宝图片，获取到块级元素<div>。点击【点击目标】命令"目标"属性的编辑按钮，进入"目标编辑器"，查看目标属性。可以发现块级元素<div>并没有如期获得图片的链接地址，为此需要使用"UI 分析器"，如图 4.4 所示。

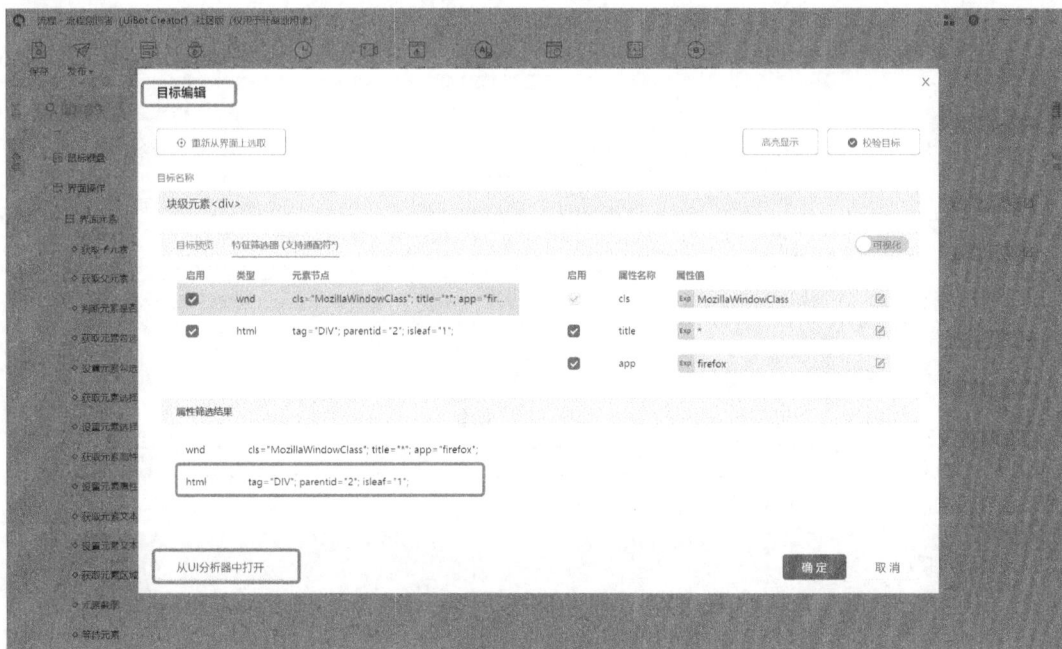

图 4.4　目标编辑器

　　步骤 4：点击图 4.4 中的"从 UI 分析器打开"按钮，进入"UI 分析器"。单击当前<DIV>

标签下的<IMG>，单击"邮件"，在弹出菜单中，单击"设置为目标元素"，将该元素设置为目标，如图 4.5 所示。

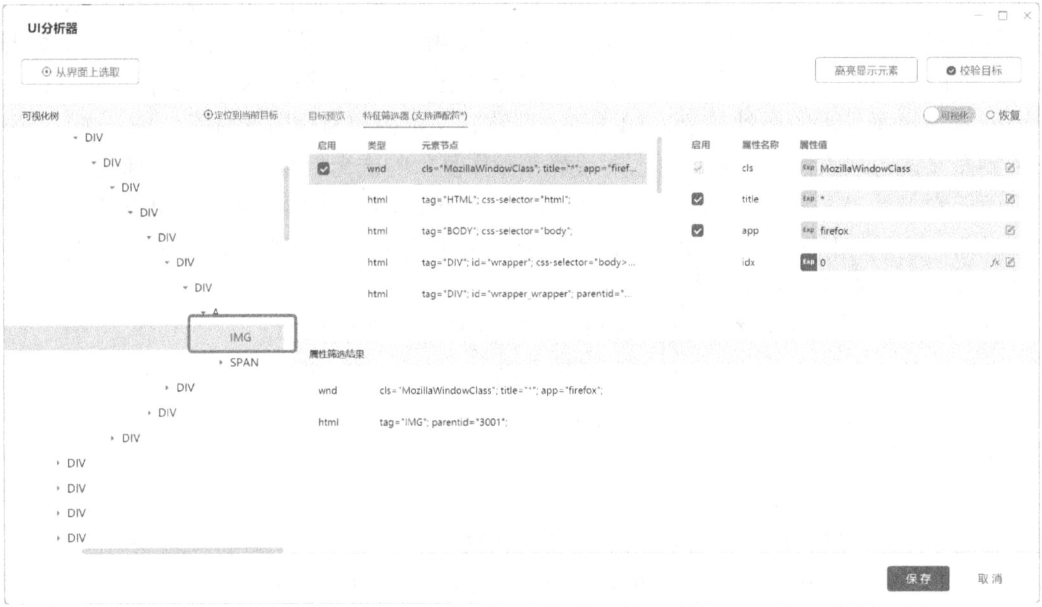

图 4.5   在"UI 分析器"中设置目标元素

步骤 5：在"特征筛选器"中勾选<A>标签，其右侧的属性值会显示出 href 地址，如图 4.6 所示。

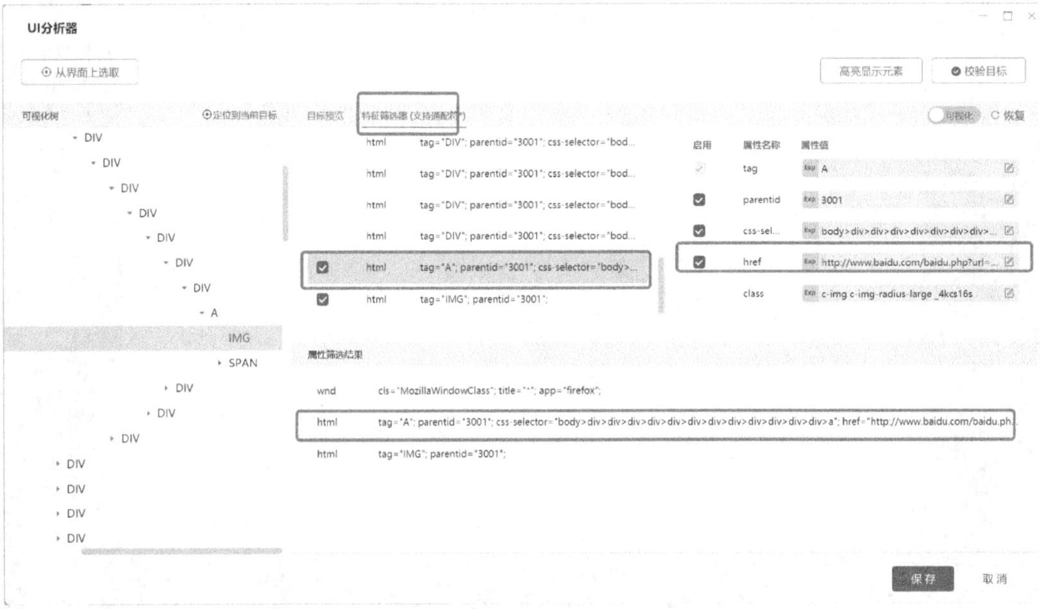

图 4.6   在"UI 分析器"中选择目标元素的特征

步骤 6：添加【输出调试信息】命令，输出上一条命令结果。

运行流程块，淘宝图片的链接地址成功获取，如图 4.7 所示。

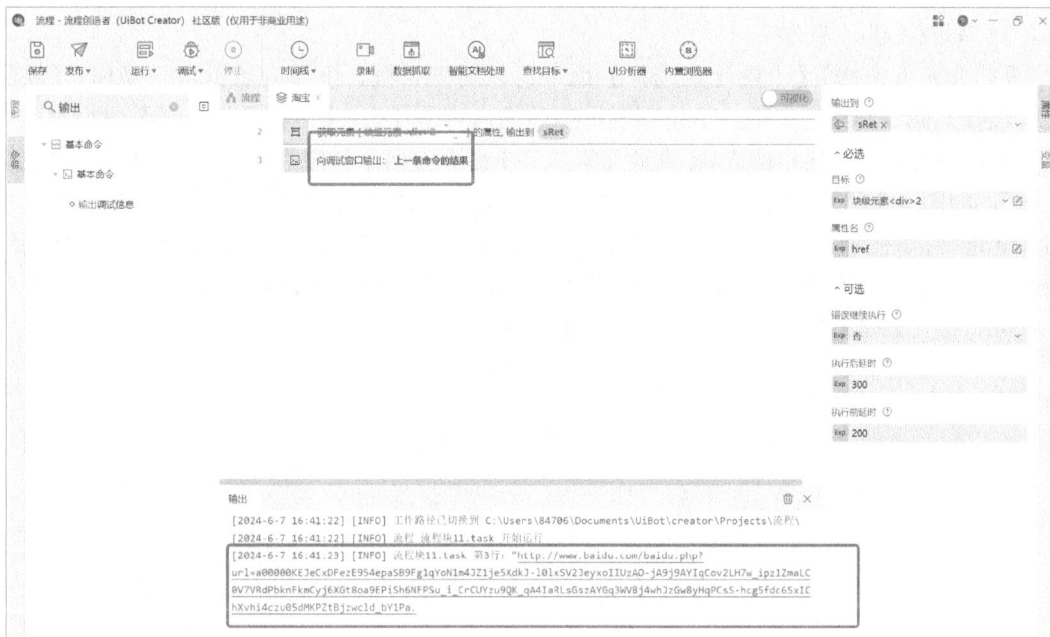

图 4.7　运行结果

4.1.3　界面元素操作命令

1. 判断元素是否存在

该命令判断目标元素是否存在，若存在，则返回 true；若不存在，则返回 false。该命令属性如图 4.8 所示。如果我们需要判断流程执行到某个步骤后，是否会出现某个特定的界面，可以用界面上一个关键的元素作为判断标准，如果这个元素存在，表明出现了该界面；否则，表明该界面不存在。

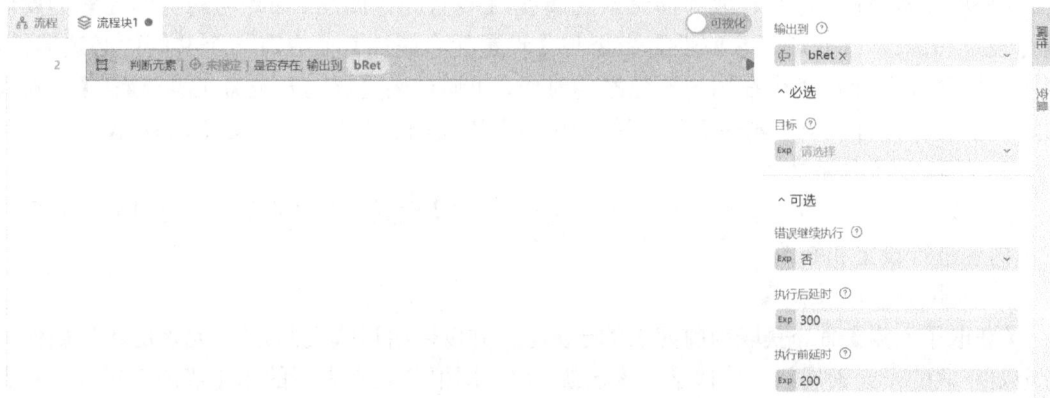

图 4.8　【判断元素是否存在】命令属性

2. 获取/设置元素勾选

【获取元素勾选】【设置元素勾选】命令可以对单选框、复选框进行操作。【获取元素勾

选】命令可以判断单选框与复选框是否已经被选中，【设置元素勾选】命令可以对单选框或
复选框进行选中操作。

3．获取/设置元素选择

【获取元素选择】【设置元素选择】命令可以对列表框、下拉列表框进行操作。【获取
元素选择】命令判断列表框、下拉列表框当前的内容是什么，【设置元素选择】命令对列表
框、下拉列表框进行选中操作。【设置元素选择】命令有两个特殊性："选择方式"和"包含
元素"，如图 4.9 所示。"选择方式"属性指定列表选择的方式，"按文本选择"指按照选项
的 text 选择；"按顺序选择"指按照索引顺序选择（从 0 开始）；"按 value 选择"指按照选
项的 value 属性选择。"包含元素"指要选择的元素，以数组形式设置。【获取元素选择】命
令获取目标元素选择的选项，并保存在数组中。

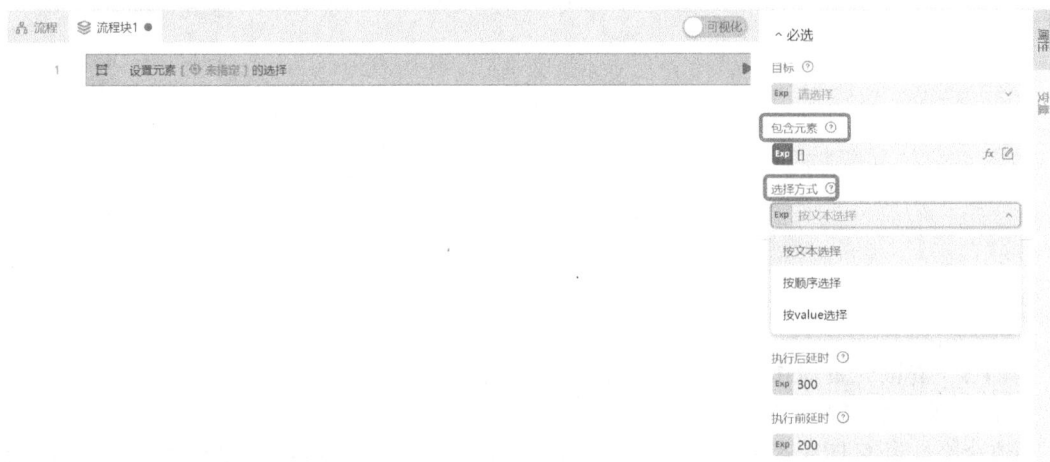

图 4.9 【设置元素选择】命令属性

4．获取/设置元素属性

【获取元素属性】命令获取界面元素的属性，【设置元素属性】命令可对界面元素的属性
进行设定和修改。【获取元素属性】命令与【设置元素属性】命令有一个共同的必选属性，
即"属性名"，这个属性名在用户不熟悉的时候，可通过浏览器的开发者工具查看。【设置元
素属性】命令另有一个"属性值"属性，用于指定元素的属性值，如图 4.10 所示。

5．获取/设置元素文本

【获取元素文本】命令获取界面元素的文本内容，【设置元素文本】命令可对界面元素的
文本内容进行设定和修改。

6．获取子元素/父元素

【获取子元素】命令获取当前元素的子元素，并以数组形式返回。"子元素层级"属性，
指定要获取的子元素层级，默认子元素层级为 1，即根节点元素下的第 1 级所有子元素；当
子元素层级为 2 时，则代表返回包含第 1 级（子元素）和第 2 级（孙元素）的所有元素；当
子元素层级为 3 时，则代表返回包含第 1 级（子元素）、第 2 级（孙元素）及第 3 级（曾孙
元素）的所有元素；依次类推，如图 4.11 所示。当子元素层级超出实际层级范围时，则与
最末层级（即 0）的返回结果一样，返回其包含的所有层级。

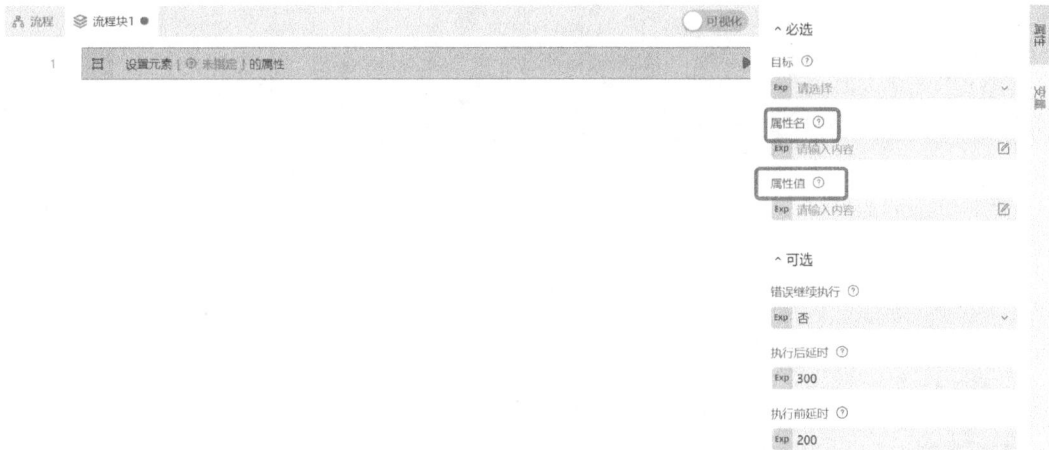

图 4.10　【设置元素属性】命令属性

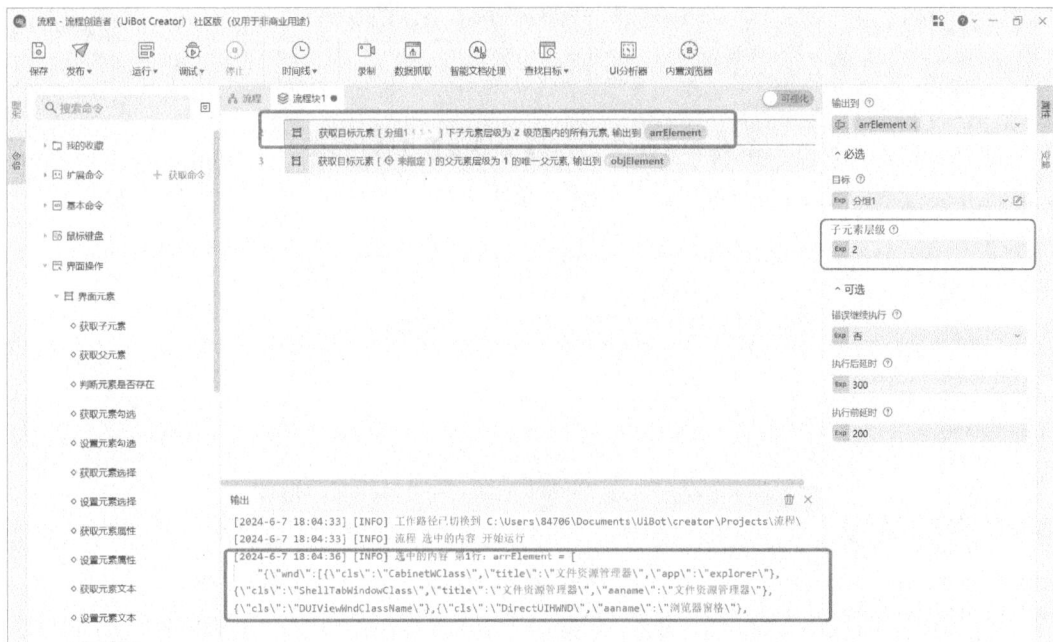

图 4.11　【获取子元素】命令设置及输出结果

【获取父元素】命令获取目标的父元素。父元素层级默认为 1，即为直接父级元素。当父元素层级为 2 时，获取指定目标元素的父级元素的父级元素（祖父元素）；当父元素层级为 3 时，获取指定目标元素的父级元素的父级元素的父级元素（曾祖父元素）；以此类推，如图 4.12 所示。当父元素层级超出最顶层级元素（当前窗口）或者父元素层级≤0 时，则获取的父元素为当前窗口。

7. 获取元素区域

【获取元素区域】命令获取元素的区域，返回包含元素所在位置的矩形对象。"相对位置"指明返回元素位置是相对哪一个坐标体系而言的，包括"相对父元素""相对窗口客户区""相对屏幕坐标"，如图 4.13 所示。

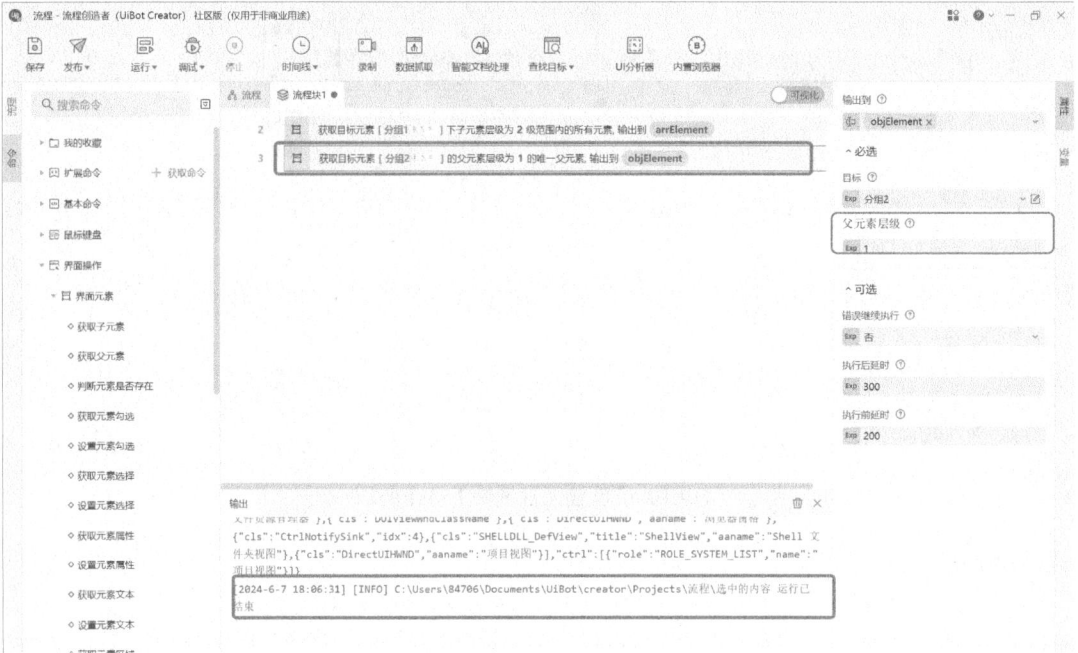

图 4.12 【获取父元素】命令设置及输出结果

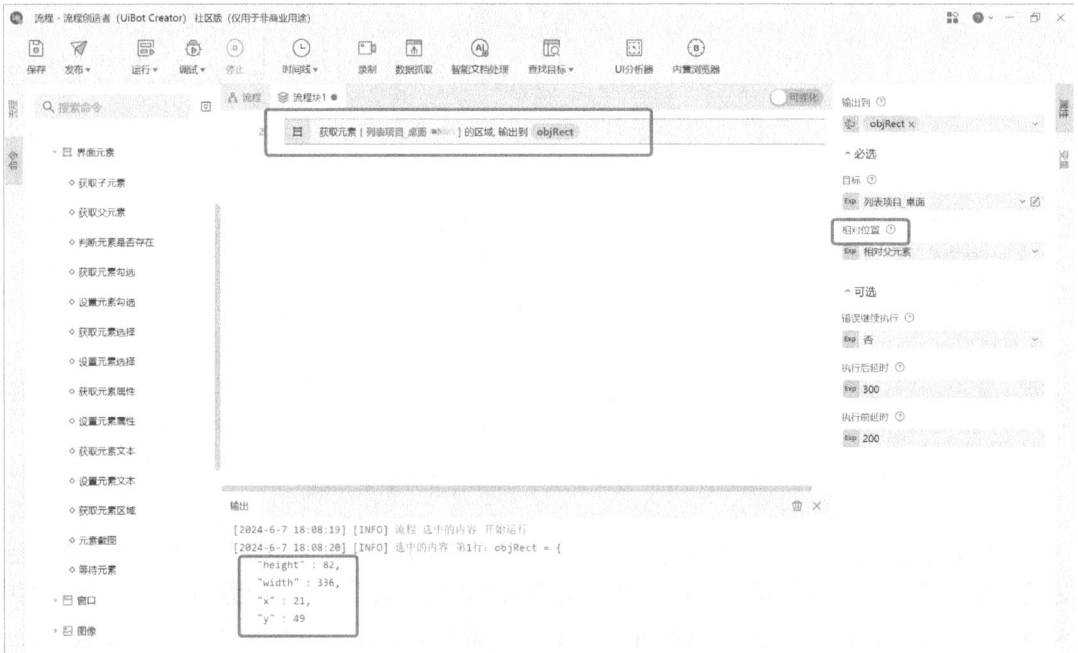

图 4.13 【获取元素区域】命令设置及输出结果

8. 元素截图

【元素截图】命令截取指定元素的图像，保存为指定文件。

9. 等待元素

【等待元素】命令等待元素显示或消失时进行下一步操作。"等待方式"包括等待元素消失、等待元素显示两类。

4.1.4　文本操作命令

命令树中的文本操作命令在"界面操作"的"文本"目录下可以找到，包括【点击文本】【鼠标移动到文本上】【查找文本所在位置的界面元素】【判断文本是否存在】和【获取文本】命令，如图 4.14 所示。

1. 点击文本

【点击文本】命令按照规则搜索含有指定字符串的界面元素，并点击该界面元素，点击位置为查找到的文本位置。"查找文本"属性设置要查找的文本。"查找规则"有"包含文本"和"正则表达式匹配"两种。"相似结果位置"设定当"查找文本"多次出现时，需要单击的位置，如图 4.15 所示。

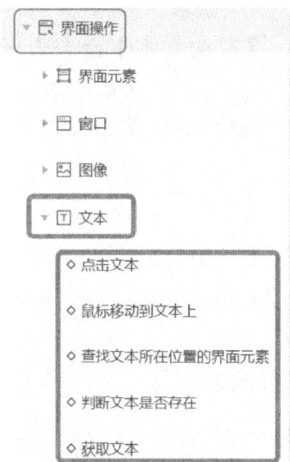

图 4.14　文本操作命令

图 4.15　【点击文本】命令设置

2. 鼠标移动到文本上

【鼠标移动到文本上】命令表示按照规则搜索含有指定字符的界面元素并将鼠标移动到这个界面元素上，鼠标停留位置为查找到的文本位置。其具体属性与【点击文本】命令类似，区别在于该命令指移动鼠标，而不进行点击。

3. 查找文本所在位置的界面元素

【查找文本所在位置的界面元素】命令表示按照查找文本规则，查找出文本所在位置的界面元素，返回一个界面元素数组。

4. 判断文本是否存在

【判断文本是否存在】命令表示在指定元素中查找文本，文本返回值为布尔值。

5. 获取文本

【获取文本】命令表示获取指定界面元素的文本内容。

4.1.5 键盘鼠标有目标命令

键盘鼠标类命令在命令树的鼠标键盘目录下，包含键盘、鼠标、KeyBox 三种，命令中含有"目标"两个字的命令为有目标命令，其他为无目标命令。

1. 点击目标

【点击目标】命令表示模拟鼠标单击指定的界面元素。该命令共有四个必选属性，"目标"即为目标元素；"鼠标点击"指定鼠标点击哪个键，包括左键、中键、右键；"点击类型"包括单击、双击、按下、弹起；"超时时间"指定目标未找到引发异常之前，等待活动运行的时间量（以毫秒为单位），如图 4.16 所示。

图 4.16 【点击目标】命令必选属性设置

除了以上必选属性外，该命令还有许多可选属性设置。

"错误继续执行"指当操作引发错误时，自动化是否继续；"执行前延时""执行后延时"分别指定执行操作前后的延时时间。"激活窗口"指执行操作时是否先激活窗口，默认为"是"。"光标位置""横坐标偏移""纵坐标偏移"指定光标的位置。"光标位置"指定光标偏移量的起点，包括"中心""左上角""右上角""左下角""右下角"，默认为"中心"。"横坐标偏移""纵坐标偏移"分别指定光标位置的水平偏移和垂直偏移。"辅助按键"指触发鼠标动作时，同时按下的键盘按键，包括 Alt、Ctrl、Shift、Win，这些辅助按键也可以组合使用。"操作类型"包括"模拟操作""后台操作""系统消息"。"平滑移动"指是否平滑移动鼠标，默认为"否"，如图 4.17 所示。

2. 移动到目标

【移动到目标】命令表示将鼠标移动到指定的界面元素上。该命令只是将鼠标移动到目标上，目标未获得焦点，也不进行点击。

图 4.17 【点击目标】命令可选属性

3. 在目标中输入

【在目标中输入】命令表示在指定界面中输入文本。该命令必选属性除了"目标"外，还有四项比较特殊的属性。"写入文本"指定要在界面元素中写入的文本；"清空原内容"指在写入文本之前是否清空输入框，默认为"是"；"键入间隔"仅在操作类型属性为"模拟操作"时生效，设定两次输入的时间间隔，默认设置为 20 ms，低于 20 ms 时会自动转为 20 ms，间隔的值过小有可能导致输入时丢字，与机器性能有关；"超时时间"指定在 Selector Not Found Exception 引发异常之前等待活动运行的时间量（以 ms 为单位），默认值为 10000 ms（10 s），如图 4.18 所示。

图 4.18 【在目标中输入】命令属性设置

4. 在目标中输入密码

【在目标中输入密码】命令表示在指定界面元素中输入密码，其属性与【在目标中输入】命令类似，区别在于"密码"属性中输入文本会进行加密保存，如图 4.19 所示。

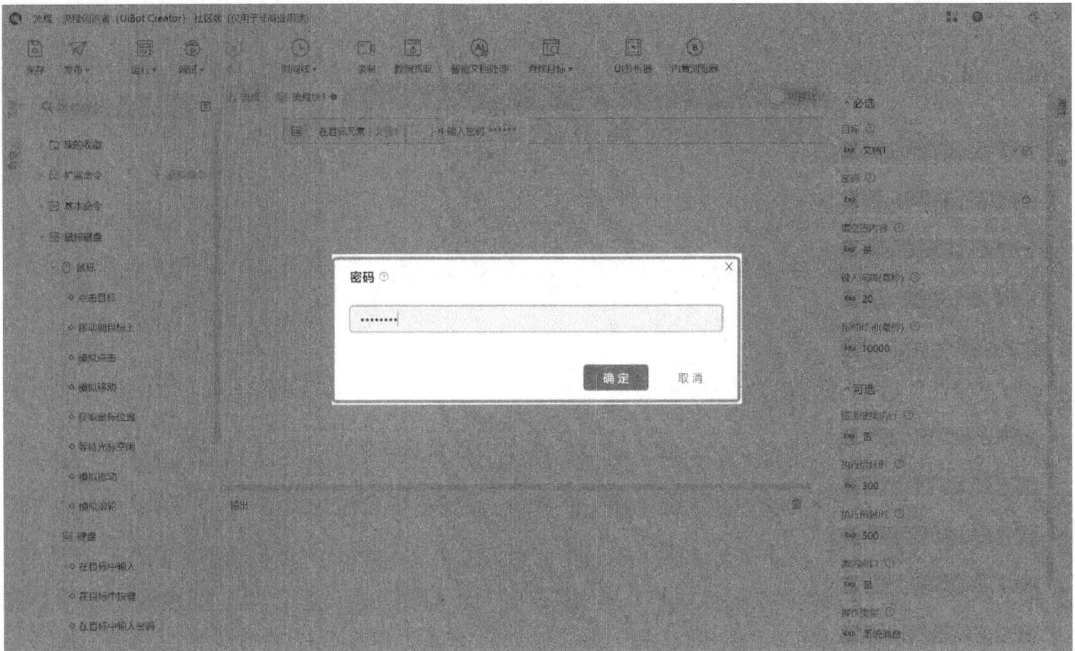

图 4.19 【在目标中输入密码】命令属性设置

5. 在目标中按键

【在目标中按键】命令表示在指定界面元素中输入按键，其属性与【在目标中输入】命令类似，区别在于输入的值是键盘上的一个键，比如 Enter。该命令有"辅助按键"，表示触发按键动作时同时按下的键盘按键，可以使用 Alt、Ctrl、Shift、Win 选项，如图 4.20 所示。

【例 4-2】鼠标键盘有目标命令：用户登录。

请编写一个 RPA 流程，自动登录用户平台，命令编写如图 4.21 所示。

需要注意的是我们用登录前后发生变化的图片作为判断用户登录是否成功的依据，添加【判断元素是否存在】命令，在屏幕上选择页面左侧以该图片作为目标。点击目标编辑，从 U 分析器中打开，选中图片的来源属性"src"作为筛选条件，并添加【输出调试信息】命令，输出目标图片元素是否存在。

图 4.20 【在目标中按键】命令属性

图 4.21　命令编写

4.1.6　窗口操作命令

1. 判断窗口是否存在、关闭窗口

【判断窗口是否存在】命令用于判断窗口是否存在，存在返回 true，不存在返回 false。【关闭窗口】命令关闭指定窗口，两个命令均可在界面或界面库中选择需要操作的窗口，如图 4.22 所示。

图 4.22　【判断窗口是否存在】【关闭窗口】命令设置与结果

　　窗口存在是窗口操作的前提，如果窗口不存在，窗口操作命令会抛出异常，所以图 4.22 中所示的命令是先判断窗口是否存在，如果存在，则关闭该窗口。

　　2. 获取活动窗口、设置活动窗口

　　【获取活动窗口】命令所得到的结果是前台已被激活的窗口的句柄。句柄（Handle）是一个用于标识对象或者项目的标识符，可以用来描述窗体、文件等。在 Windows 中，句柄是一个系统内部数据结构的引用。例如，当操作一个窗口时，系统会提供一个该窗口的句柄，通过这个句柄，应用程序可以要求系统对该窗口进行操作，如移动窗口、改变窗口大小等。图 4.23 所示的命令获取当前活动窗口的句柄为 199448。

　　【设置活动窗口】命令将指定窗口设置为活动窗口，用户可从界面或界面库选择窗口，如图 4.24 所示。

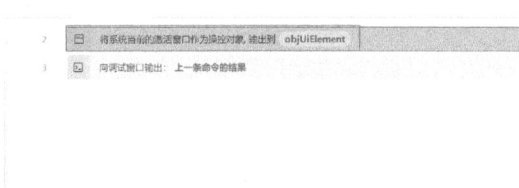

图 4.23 【获取活动窗口】命令结果　　　　　图 4.24 【设置活动窗口】命令结果

　　3. 窗口置顶、更改窗口显示状态

　　【窗口置顶】命令将窗口置顶，【更改窗口显示状态】命令更改窗口显示状态，显示状态包括显示、隐藏、最小化、最大化、还原。两个命令均可在界面或界面库中选择需要操作的窗口，如图 4.25 所示。

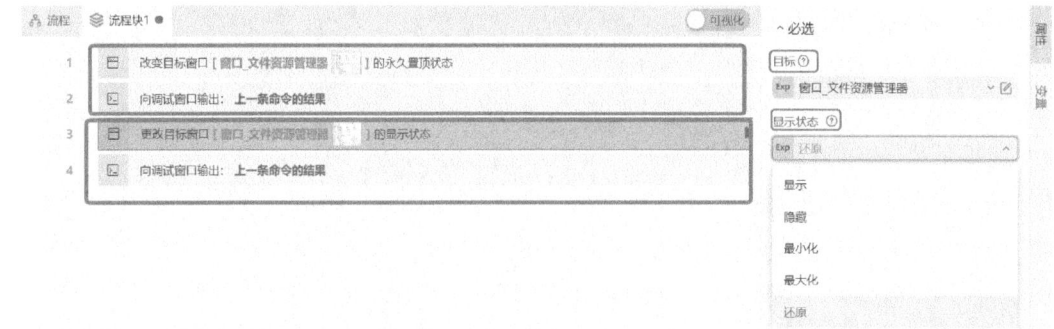

图 4.25 【窗口置顶】和【更改窗口显示状态】命令属性

4. 获取窗口大小、改变窗口大小、移动窗口位置

【获取窗口大小】命令获取窗口大小，【设置目标窗口】命令可设置窗口的宽和高，【移动窗口位置】命令设置窗口的 x、y 坐标位置。三个命令协同，可改变窗口的大小和位置。

如图 4.26 所示，通过【设置目标窗口】命令设置窗口大小为 800*600，通过【移动窗口位置】命令将窗口移动到（300，200）的位置，并通过【获取窗口大小】命令显示窗口大小、位置改变前后的值。

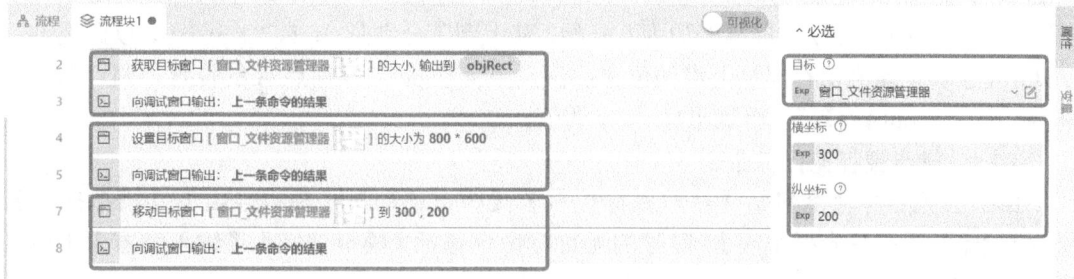

图 4.26 【获取窗口大小】【改变窗口大小】【移动窗口位置】命令属性

5. 获取窗口类名、获取文件路径、获取进程 PID

【获取窗口类名】【获取文件路径】【获取进程 PID】命令分别获取窗口类名、窗口对应程序的可执行文件路径、窗口对应程序的运行 PID。图 4.27 所示命令获取"新建 Microsoft Word 文档"文档窗口的类名、Word 应用程序可执行文件路径、应用程序运行的 PID。

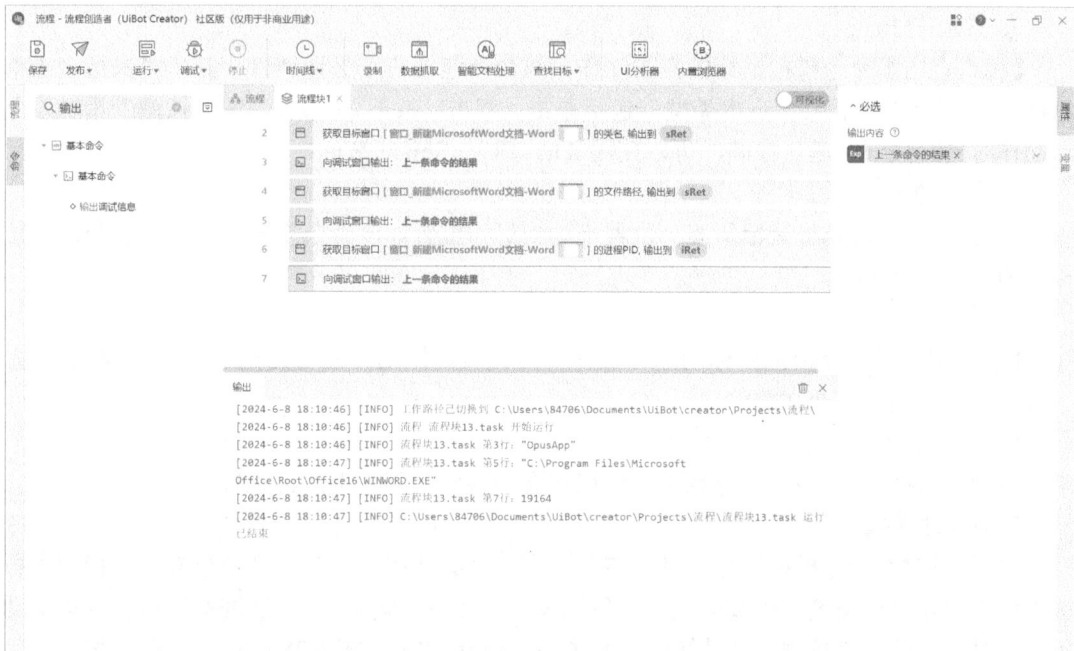

图 4.27 【获取窗口类名】【获取文件路径】【获取进程 PID】命令设置及输出结果

4.2　无　目　标　命　令

虽然有目标命令操作起来十分便捷,但是并不是所有的界面都支持有目标操作,为此 UiBot 提供了无目标命令。

我们首先需要理解一下 Windows 坐标系。Windows 操作系统中,屏幕上的每一个点都有一个唯一的坐标,坐标的原点位于屏幕的左上角,如点 A{"x":200,"y":300}表示 x 值为 200,y 值为 300 的点,单位为像素。x 的值从屏幕的左边 0 开始,从左到右分别是 0,1,2,3⋯⋯,以此类推。y 以屏幕上边为 0 开始,从上到下分别是 0,1,2,3⋯⋯,以此类推。UiBot 用字典变量来保存屏幕上点的位置,假设用变量 pntA 保存点 A 的位置,则可以使用 pntA["x"]、pntA["y"]得到坐标 x、y 的值。

4.2.1　键盘鼠标无目标命令

鼠标的无目标命令包括【获取鼠标位置】、【模拟移动】、【模拟点击】、【模拟拖动】、【模拟滚轮】、【等待光标空闲】,键盘的无目标命令包括【模拟按键】、【输入文本】、【输入密码】。

1. 获取鼠标位置

【获取鼠标位置】命令获取鼠标光标的位置,保存到字典中。

2. 模拟移动

【模拟移动】命令模拟鼠标移动到指定的坐标位置。该命令有三个必选属性,其中"横坐标""纵坐标"分别设定鼠标移动到位置的 x、y 值,"相对移动"指是否根据鼠标当前位置为原点进行坐标移动,默认为"否",以屏幕左上角为原点。

3. 模拟点击

【模拟点击】命令模拟鼠标的点击动作。该命令包括三个必选属性,其中"鼠标点击"包括左键、中键、右键;"点击类型"包括单击、双击、按下、弹起;"辅助按键"指触发鼠标动作时同时按下的键盘按键,可以使用 Alt,Ctrl,Shift,Win。

4. 模拟拖动

【模拟拖动】命令将鼠标从某一位置拖动到另一位置。该命令需设置起点位置与终点位置的横坐标、纵坐标。

5. 模拟滚轮

【模拟滚轮】命令模拟鼠标的滚轮操作,可设置"滚动方向"为向上滚动或向上滚动,"滚动次数"指定滚动次数。

6. 等待光标空闲

"等待光标空闲"命令等待鼠标从繁忙状态切换到空闲状态后再执行下一步操作。

7. 模拟按键

【模拟按键】命令模拟键盘按键。该命令有三个必选属性,其中"模拟按键"指定模拟按下键盘中哪一个按键;"按键类型"包括单击、按下、弹起;"辅助按键"指触发按键动作时同时按下的键盘按键,可以使用 Alt,Ctrl,Shift,Win。图 4.28 所示命令模拟按下键盘的空格键。

图 4.28　【模拟按键】命令属性

8．输入文本、输入密码

【输入文本】、【输入密码】命令分别在光标所在位置输入文本、密码。

9．【案例】Word 图片移动

案例要求：在某 Word 文档中插入一张图片（该图片"环绕方式"为"浮于文字上方"），我们希望通过无目标命令对图片进行移动操作。首先，我们需得到该图片的位置，然后将鼠标移动到这个位置上，再按下鼠标左键，接着模拟拖动图片，最后模拟滚轮向下滚动一次。

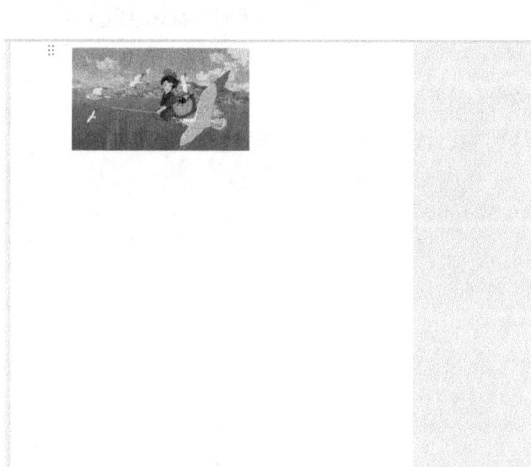

首先准备一个 Word 文档，在该文档中插入一张图片，并将该图片的"环绕方式"设置为"浮于文字上方"，如图 4.29 所示。流程运行时，需要确保打开并激活文件。

图 4.29　Word 文档设置

选择【获取鼠标位置】命令，并迅速将鼠标定位至图片位置，如图 4.30 所示。

图 4.30　【获取鼠标位置】命令设置

选择【模拟移动】命令，移动鼠标，鼠标的坐标位置为上一条命令中的横、纵坐标（以实际情况为准），如图 4.31 所示。

图 4.31 【模拟移动】命令设置

进行鼠标单击时，为确保点击到图片，应设置延时，如图 4.32 所示。

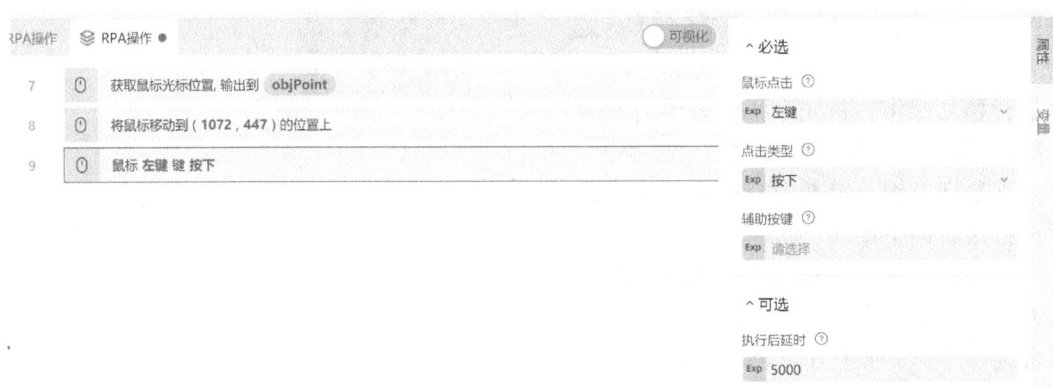

图 4.32   设置延时

添加【模拟拖动】以及【模拟滚轮】命令，进行图片的拖动及模拟鼠标向下滚动，如图 4.33 所示。

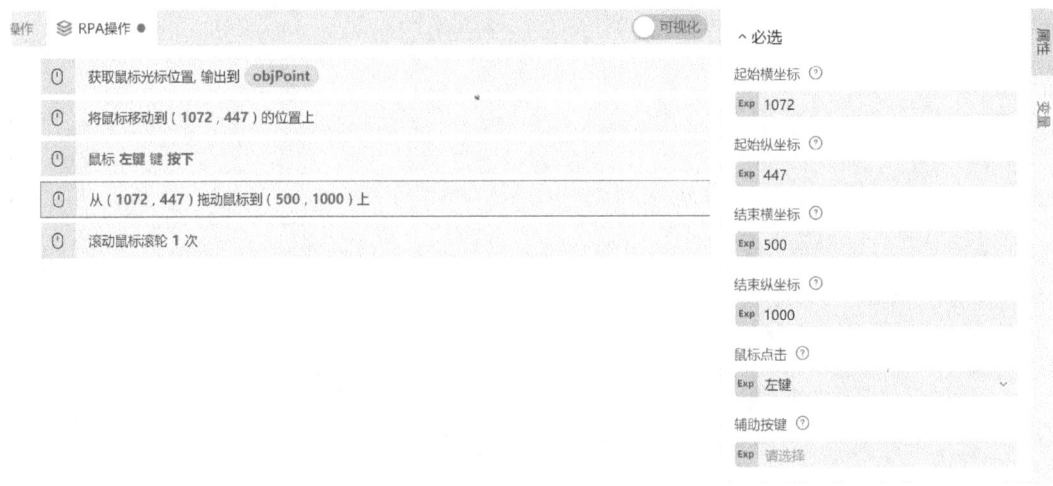

图 4.33 【模拟拖动】和【模拟滚轮】命令设置

结果展示如图 4.34 所示。

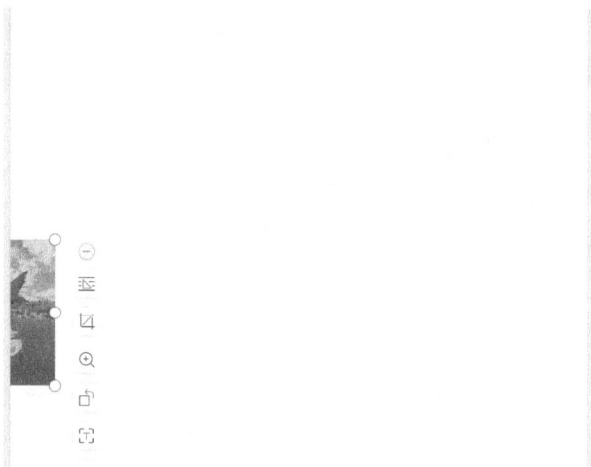

图 4.34　结果展示

4.2.2　图像操作命令

1. 查找图像

【查找图像】命令按照从左到右、从上到下的顺序依次扫描，在指定范围内查找图像。如果找到，则把其坐标保存在一个变量中，并将其返回，否则发生异常。

该命令有几个特殊属性："目标"指定需要操作的界面元素，当属性传递为字符串类型时，作为特征串查找界面元素，当属性传递为 UiElement 类型时，直接对 UiElement 对应的界面元素进行点击操作；"识别范围"限定需要进行图像识别的范围，程序会在控件这个范围内进行图像识别，如果范围传递为{"x"：0，"y"：0，"width"：0，"height"：0}，则进行控件矩形区域范围内的图像识别；"查找图片"指定要查找的图片路径，一般存放在"@res"目录下，格式可以是 bmp、png、jpg 等；"相似度"是一个 0～1 之间的数字，可以包含小数位，相似度越接近 1，UiBot 在查找图像时，要求越严格，通常取 0.9，表示允许出现一小部分不匹配的情况；"激活窗口"属性表示在找到图像之前，是否需要先把所查找的窗口放到前台显示，如果在查找时窗口被遮住，则无法找到该图像，所以一般将该属性设定为"是"；"匹配方式"指定查找图像的匹配方式，"灰度匹配"速度快，但在极端情况下可能会匹配失败，"彩色匹配"相对"灰度匹配"更精准，但匹配速度稍慢；"匹配序号"是指图像匹配到多个目标时的序号，当找到多个图像时，多个图像序号按屏幕从左到右、从上到下依次递增，匹配到最靠近屏幕左上角的序号为 1，如图 4.35 所示。

2. 判断图像是否存在、鼠标移动到图像上、点击图像

【判断图像是否存在】命令在指定范围内查找图像，成功返回 true，失败返回 false。其属性与【查找图像】命令相似。

【鼠标移动到图像上】命令在指定范围内搜索图像并将鼠标指针移动到图像之上。

【点击图像】命令是在指定范围内搜索图像并单击，它其实是【查找图像】、【模拟移动】、【模拟点击】三个命令的组合。以上三个命令的属性与【查找图像】命令类似。

输出到 ⑦

□ objPoint ✕

∧ 必选

目标 ⑦

Exp {}

识别范围 ⑦

Exp {"x": 0, "y": 0, "width": 0, "height...

查找图片 ⑦

Exp C:\Users

相似度 ⑦

Exp 0.9

超时时间(毫秒) ⑦

Exp 10000

∧ 可选

错误继续执行 ⑦

Exp 否

执行后延时 ⑦

Exp 300

执行前延时 ⑦

Exp 200

激活窗口 ⑦

Exp 是

匹配方式 ⑦

Exp 灰度匹配

匹配序号 ⑦

Exp 1

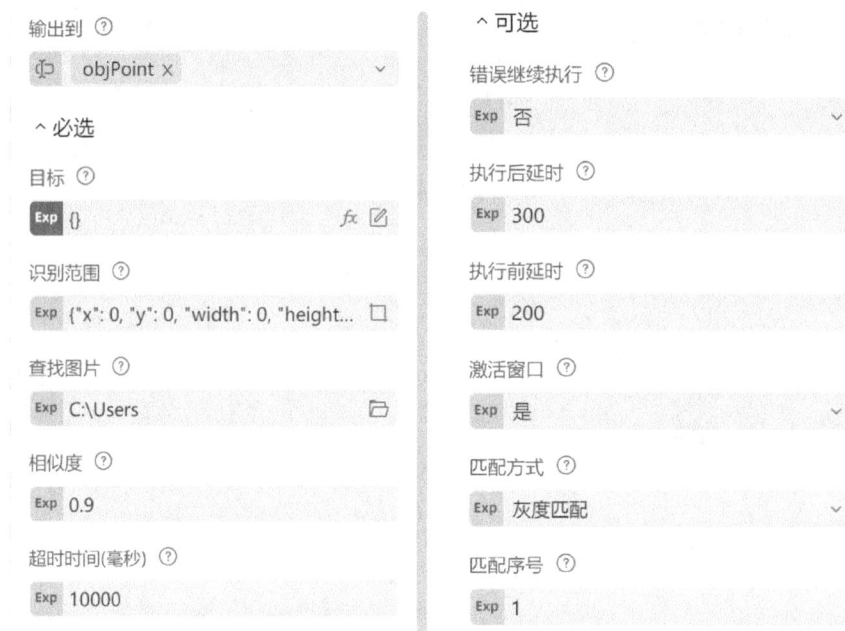

图 4.35　【查找图像】命令属性

3. 等待图像

【等待图像】命令设置等待图片显示或消失后再执行下一步操作。【等待图像】命令的属性与【查找图像】命令基本相似，有一个特殊属性"等待方式"，包括"等待图片显示""等待图片消失"两种。

4. 实用技巧

相对于有目标命令而言，无目标命令的使用依赖图像类命令，运行速度远远慢于有目标命令，其缺点如下。

（1）有时受到遮挡的影响，即使只遮挡了一部分，也可能受到很大影响。

（2）往往依赖图像文件，一旦图像文件丢失就不能正常运行。

（3）某些特殊的图像类命令必须连接互联网才能运行。

针对这些缺点，在使用无目标命令时，应注意以下技巧。

（1）截图时尽量截取较小的图像，只要能表达出所操作的界面的基本特征即可。选择较小的区域不仅速度会有所改善，而且也不容易受遮挡的影响。

（2）选择适当的"相似度"属性。相似度属性的初始值是 0.9，如果设置过低，可能造成"错选"，如果设置过高，可能造成"漏选"。用户可以根据实际情况进行调整，并测试其效果，选择最佳的相似度。

（3）尽量保持流程运行的计算机与开发的计算机的屏幕分辨率、缩放比例一致。因为在不同的屏幕分辨率和缩放比例下，软件界面的显示可能完全不一样，屏幕分辨率、缩放比例不一致可能会导致图像命令失效。

（4）图像文件尽量保存在 res 文件夹下，并使用"@res"开头的相对路径表示文件。当流程发布到 UiBot Worker 使用的时候，会自动带上这个文件夹。而且，无论 UiBot Worker 将该流程放到哪个路径下，都会自动修改"@res"前缀所代表的路径，使其始终有效。

4.3　案例实战：工程物资辅助申报工具

4.3.1　需求分析

小刘是电力公司的一名员工，他的工作内容之一是根据业务专职提供的参考表和从公司内部网站下载的是否已采购参考表，匹配信息汇总到基础表。具体工作流程如图 4.36 所示。

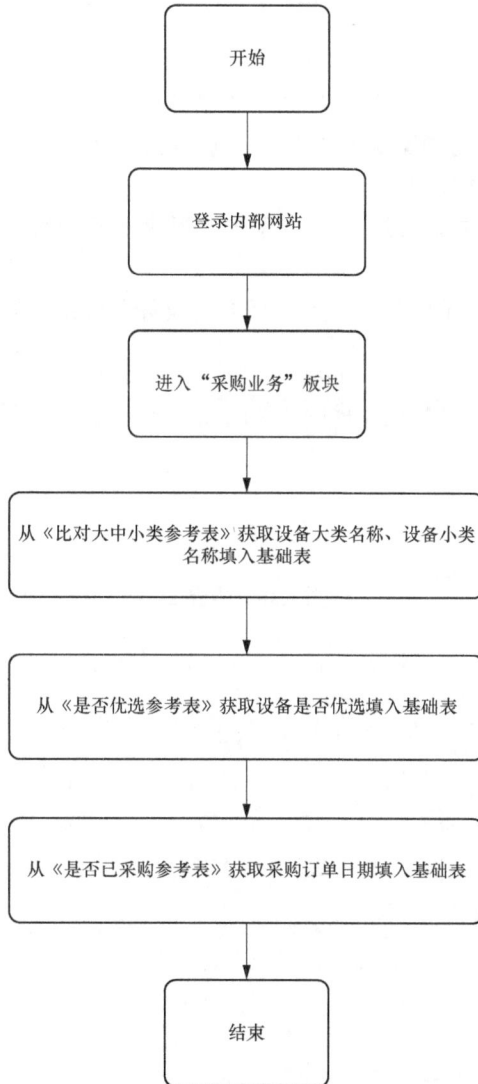

图 4.36　工作流程

整个流程操作重复且容易出错，所以小刘希望能够借助 RPA 工具来完成这一日常工作，从各个表格中自动筛选信息填入基础表。

4.3.2　自动化流程设计

根据小刘提出的需求，RPA 流程设计师设计的 RPA 机器人的运行流程如图 4.37 所示。

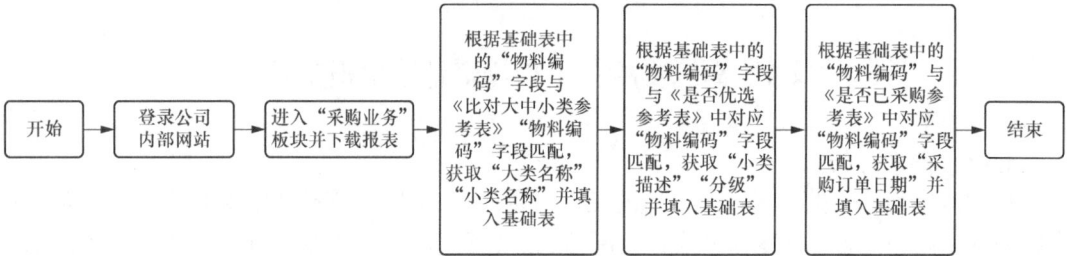

图 4.37　RPA 机器人的运行流程

4.3.3　开发步骤

步骤 1：新建空白流程，在流程图界面中绘制流程块。

步骤 2：添加【启动新的浏览器】命令，浏览器选择"Google"，并在"打开链接"处输入需要打开的网址，如图 4.38 所示。

步骤 3：添加【在目标中输入】命令，分别输入登录账号和密码，并点击"登录"按钮，如图 4.39 所示。

步骤 4：添加【点击目标】命令，点击"采购业务"按钮，如图 4.40 所示。

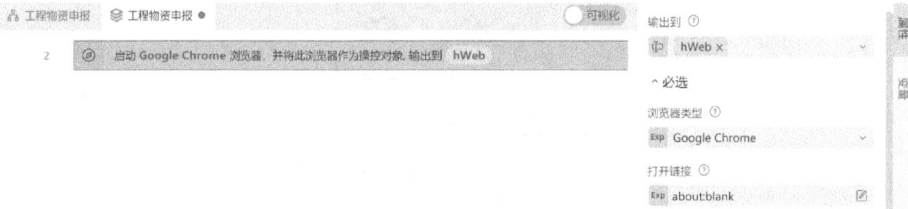

图 4.38　步骤 2

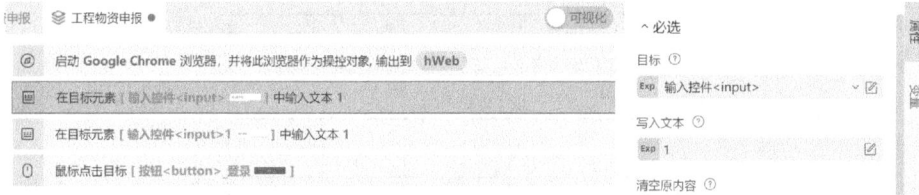

图 4.39　步骤 3

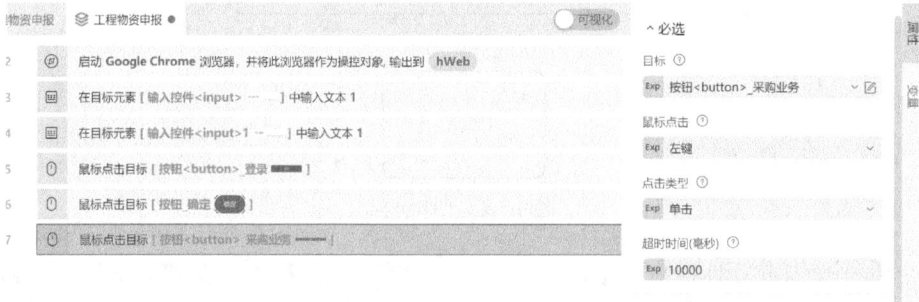

图 4.40　步骤 4

步骤 5：添加【点击目标】命令，点击"下载"按钮，如图 4.41 所示。

步骤 6：添加【打开 Excel】命令，分别打开基础表、采购物资数据表、比对大中小类参考表和是否优选参考表，如图 4.42 所示。

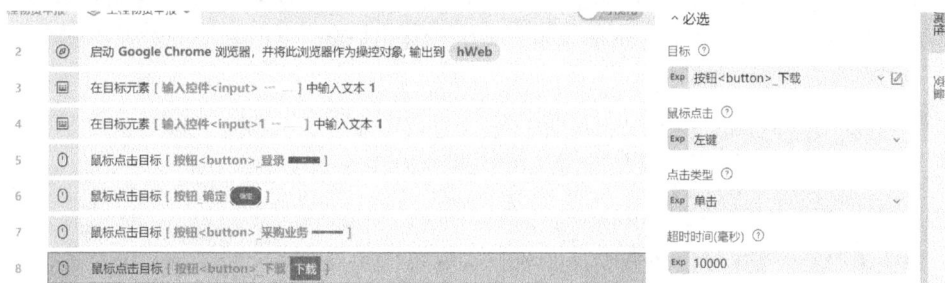

图 4.41　步骤 5

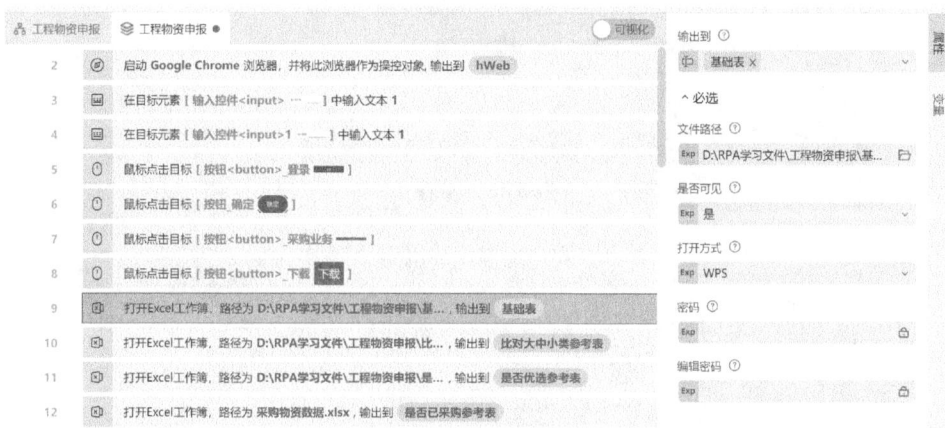

图 4.42　步骤 6

步骤 7：添加【读取单元格】命令，读取基础表中的物料编码，如图 4.43 所示。

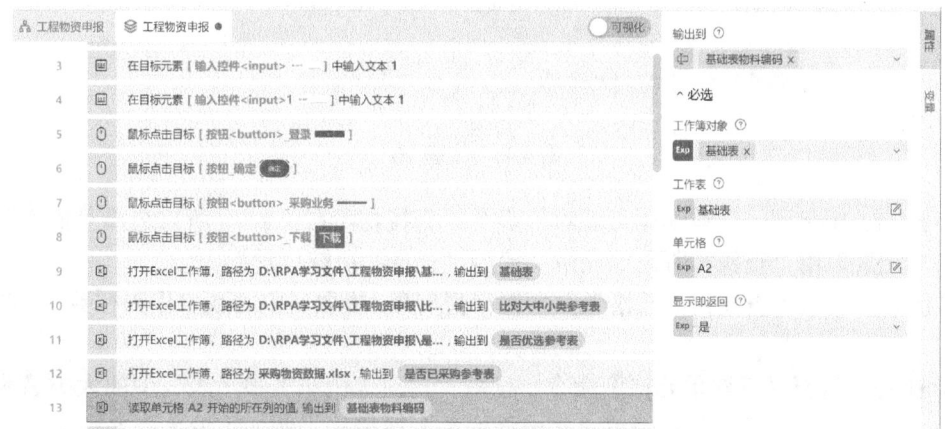

图 4.43　步骤 7

步骤 8：为了在基础表中填入数据时，能按顺序依次填入单元格中，接着设置一个变量，赋值为 2。

步骤 9：添加【依次读取数组中每个元素】命令，用 value 遍历物料编码，如图 4.44 所示。

步骤 10：选择 Excel【查找数据】命令，在"比对大中小类参考表"中查找和基础表中"物料编码"对应的大类名称、小类名称，如图 4.45 所示。

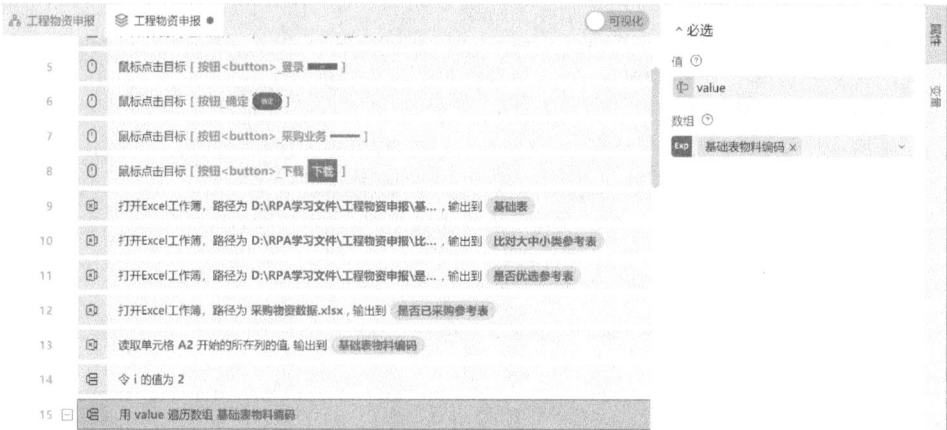

图 4.44　步骤 9

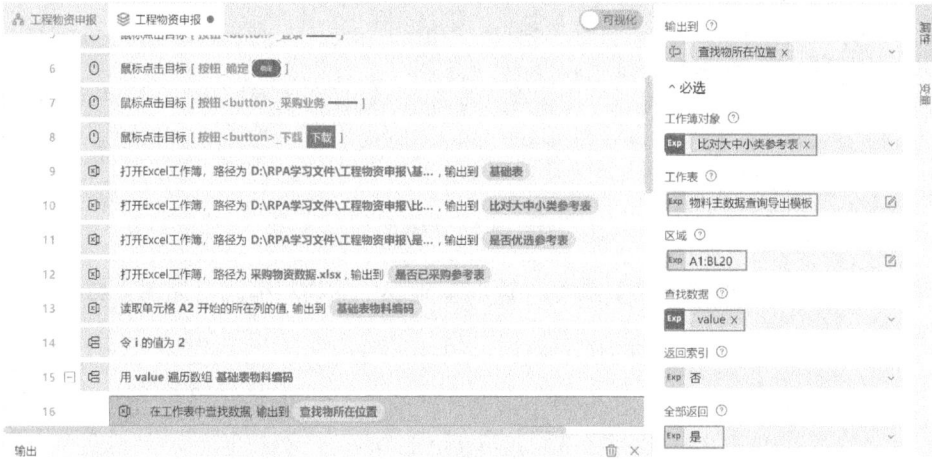

图 4.45　步骤 10

步骤 11：由于同一物料编码可能对应多个"查找物所在位置"，所以选择"依次读取数组中每个元素"用"查找物所在单元格"遍历"查找物所在位置"。

步骤 12：由于"查找物单元格"中含有行列信息，提取其中的数字作为行数，如图 4.46 所示。

步骤 13：选择【读取单元格】命令，读取"比对大中小类参考表"中的大类名称、小类名称。需要注意的是，此时的单元格选择的是专业模式，例如读取大类名称时，表示为""E"&行数"（E 为大类名称所在列），如图 4.47 所示。

步骤 14：读取其他数据时以此类推，如图 4.48 所示。

步骤 15：选择【写入单元格】命令，将刚刚提取出来的数据依次写入基础表对应的单元格中。此处的单元格也是专业模式。形式为"〞需要填入的数据所在列"&i",如图 4.49 所示。

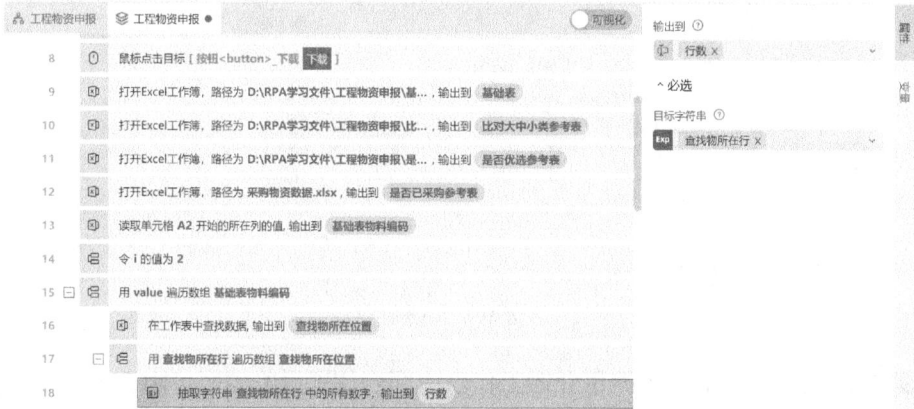

图 4.46 步骤 12

图 4.47 步骤 13

图 4.48 步骤 14

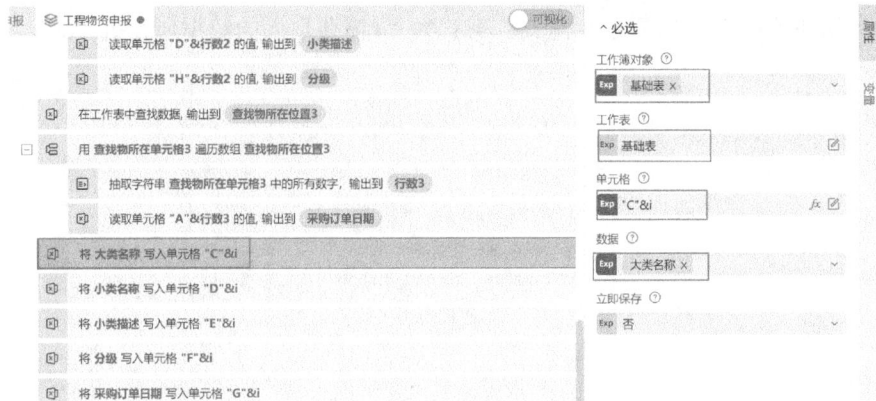

图 4.49　步骤 15

步骤 16：为确保提取的数据不会在工作表中同一位置反复填写，填入的行数需要依次递增，所以给变量 i 赋值，赋值为 i=i+1，如图 4.50 所示。

步骤 17：添加【保存 Excel 工作簿】以及【关闭 Excel 工作簿】命令，对基础表进行保存，如图 4.51 所示。

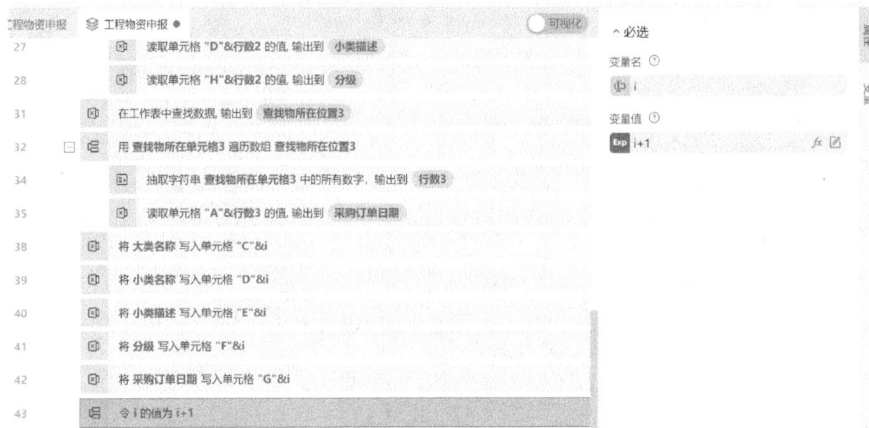

图 4.50　步骤 16

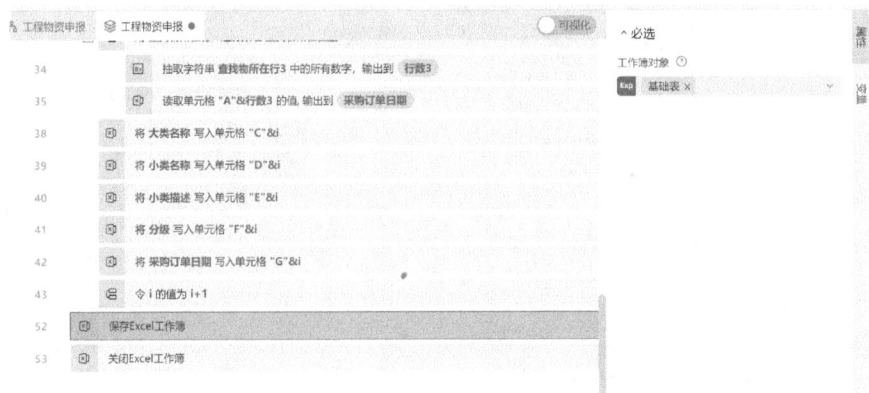

图 4.51　步骤 17

第5章 能源市场政策监测

在电力企业中，监测能源市场政策是至关重要的。政府的能源政策直接影响着电力企业的经营环境、发展方向和盈利模式。因此，电力企业需要密切关注和及时了解能源市场政策的变化，以便调整自身策略和运营方式。

数据爬取在电力企业中监测能源市场政策方面发挥着关键作用。通过自动化数据爬取技术，企业能够及时获取政府发布的能源政策文件和相关通知，实时监测政策变化并快速了解市场动态，从而为调整经营策略、拓展业务领域和降低风险提供重要支持。这样的信息获取方式不仅有助于企业合规经营、遵守法规，还能帮助企业保持竞争力并应对市场挑战，确保企业在不断变化的政策环境下能够灵活应对。

结合 RPA 的 Web 操作和数据爬取技术，电力企业可以实现更智能化、高效化的能源市场政策监测。通过 RPA 技术，企业可以编写自动化脚本，让机器人模拟人类操作浏览器，访问政府网站或其他数据源，自动抓取更新的能源市场政策信息。首先，RPA 可以帮助企业定时监测政府网站或其他相关网站，实时获取能源市场政策的最新信息，无须人工干预。这种自动化数据爬取过程不仅能够节省大量人力成本，还能够保证信息的及时性和准确性。其次，结合 RPA 的数据爬取技术，企业可以建立智能化的数据分析系统。机器人可以自动将抓取的政策数据导入 Excel 或数据库中，进行分析和处理，生成报告或提供决策支持。这种自动化的数据处理过程可以大大提高工作效率，减少人为错误，并为企业决策提供更精确的数据支持。最重要的是，RPA 技术可以将数据爬取和处理过程完全自动化，让企业能够更快速地响应政策变化，优化战略规划，降低风险。

本章将重点介绍 RPA 进行浏览器网页操作与网页数据抓取。

5.1 常用命令：浏览器与网页操作

浏览器与网页操作自动化命令在命令树的"软件自动化-浏览器"目录下，主要包括浏览器的操作与网页操作。

5.1.1 浏览器操作命令

1. 启动新的浏览器、绑定浏览器

在进行浏览器与网页操作时，无论进行何种操作，都要以浏览器对象为中心，故操作起点为启动新的浏览器或绑定浏览器，从而获得一个浏览器对象。

【启动新的浏览器】命令表示启动一个新的浏览器，使 UiBot 可以对这个浏览器进行操作，启动的浏览器可以是 Internet Explorer、Chrome、Firefox、Edge、360 安全/极速、内置浏览器（内置浏览器仅支持启动一个浏览器窗口），命令运行成功会返回绑定的浏览器句柄字符串，失败则会返回 null。

命令属性设置中，"浏览器类型"可选择上述提及的几种不同的浏览器；"打开链接"

指定启动浏览器时打开的链接地址；"浏览器路径"指定浏览器程序所在路径，当值为空字符串时，流程自动查找机器上安装的浏览器并尝试启动，默认为空字符串。命令属性设置如图 5.1 所示。

图 5.1 【启动新的浏览器】命令属性设置

【绑定浏览器】命令表示绑定一个已经打开的浏览器，命令成功返回浏览器对象，失败则返回 null。命令属性设置如图 5.2 所示。

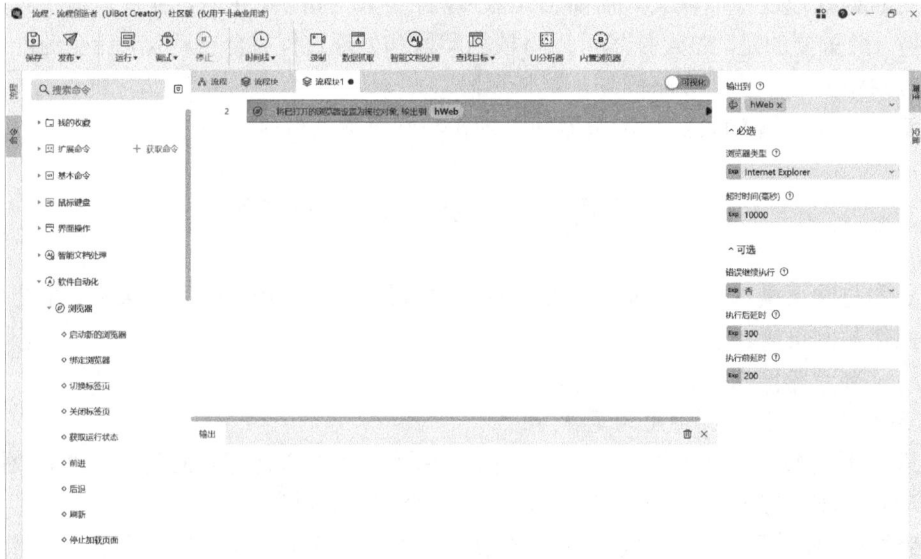

图 5.2 【绑定浏览器】命令属性设置

2. 获取运行状态

【获取运行状态】命令表示获取浏览器的运行状态，若浏览器还在运行则返回 true，若浏览器已经退出则返回 false。运行结果如图 5.3 所示。

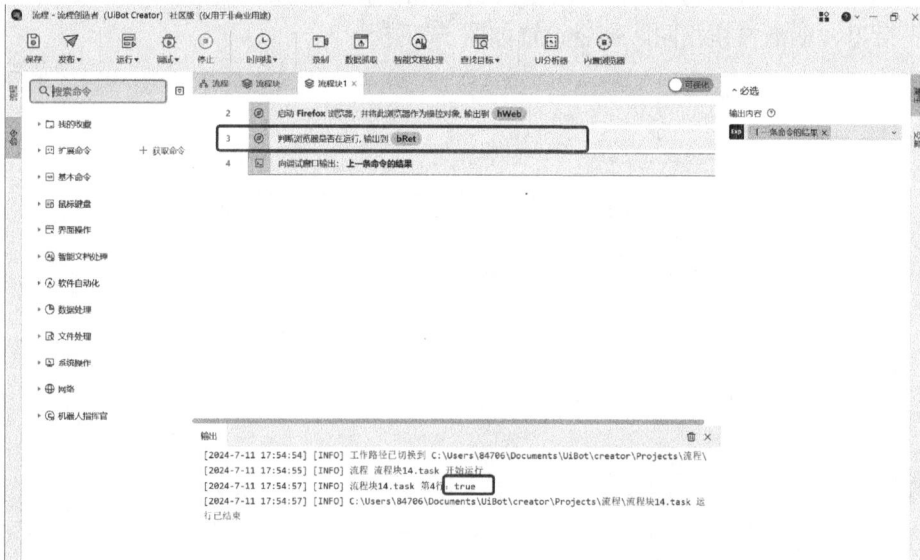

图 5.3　运行【获取运行状态】命令

3. 切换/关闭标签页

【切换标签页】命令可对浏览器的标签页进行切换，若切换成功则返回 true，若切换失败则返回 false。在该命令的属性设置中，"匹配对象"属性可选择地址栏或标题栏，"匹配内容"属性支持"*"通配符，且匹配为完全匹配，如若查找不到匹配的标签页，将抛出异常。命令属性设置如图 5.4 所示。

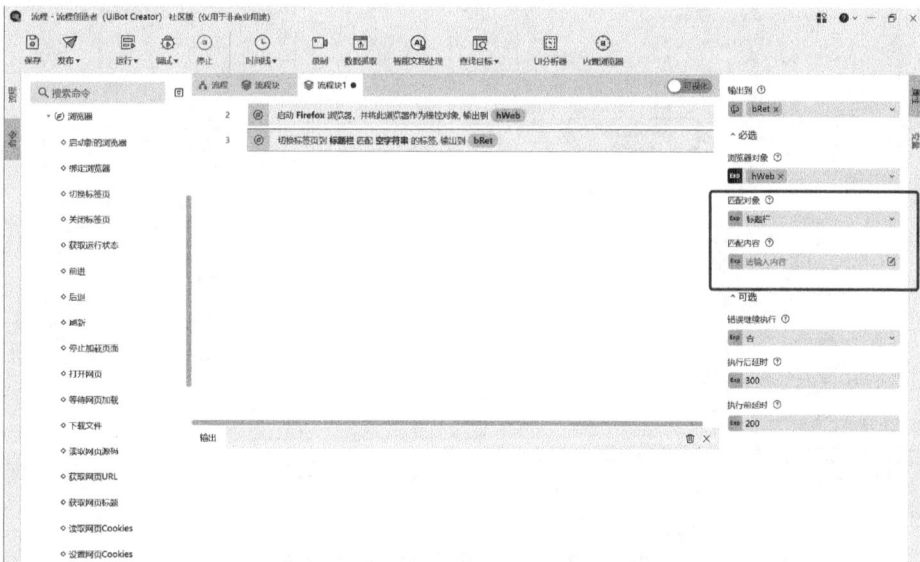

图 5.4　【切换标签页】命令属性设置

【关闭标签页】命令表示关闭当前的标签页。

4. 前进/后退/刷新

【前进】【后退】【刷新】命令分别执行浏览器的前进、后退、刷新操作，功能与工具栏的前进、后退、刷新按钮相同。命令设置如图 5.5 所示。

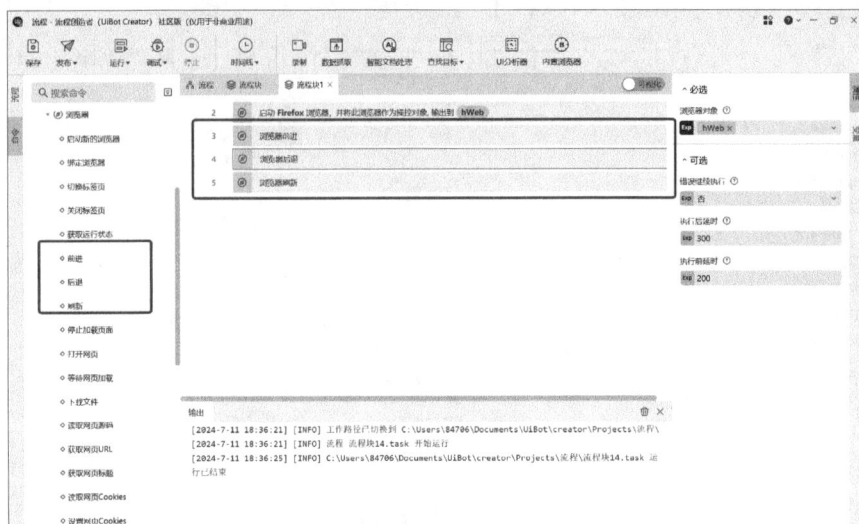

图 5.5　【前进】【后退】【刷新】命令设置

5. 浏览器截图

【浏览器截图】命令可对浏览器进行截图，并保存在指定路径下。在命令属性设置中，可在"截图范围"中设置截取范围，在"保存路径"中指定图片保存路径。命令属性设置如图 5.6 所示。

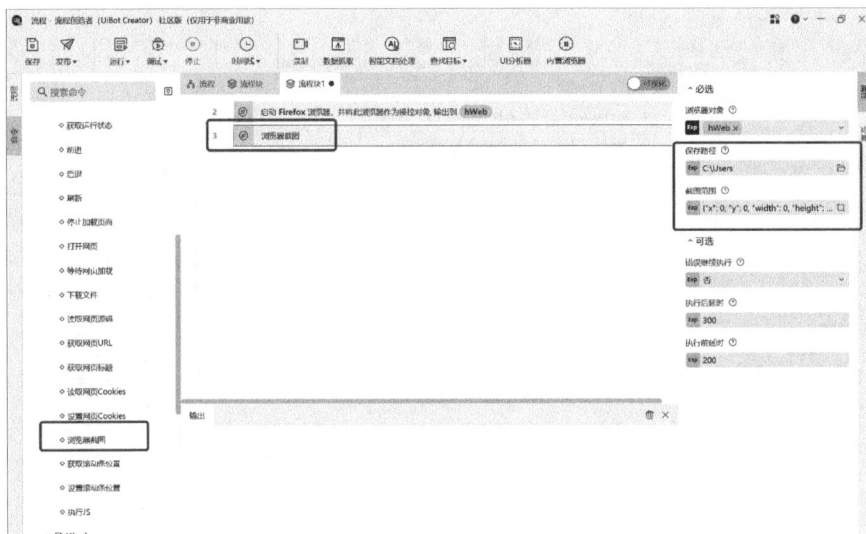

图 5.6　【浏览器截图】命令属性设置

6. 获取/设置滚动条位置

【设置滚动条位置】命令可以设置当前页面滚动条的位置（像素），滚动位置为一个字典，

"ScrollLeft"表示横轴滚动条的位置,"ScrollTop"表示纵轴滚动条的位置。

【获取滚动条位置】命令可以获取当前页面滚动条的位置(像素)。图 5.7 所示命令先通过【设置滚动条位置】命令将横轴滚动条、纵轴滚动条位置设置为 50,再通过【获取滚动条位置】命令获取滚动条位置。命令属性设置如图 5.7 所示。

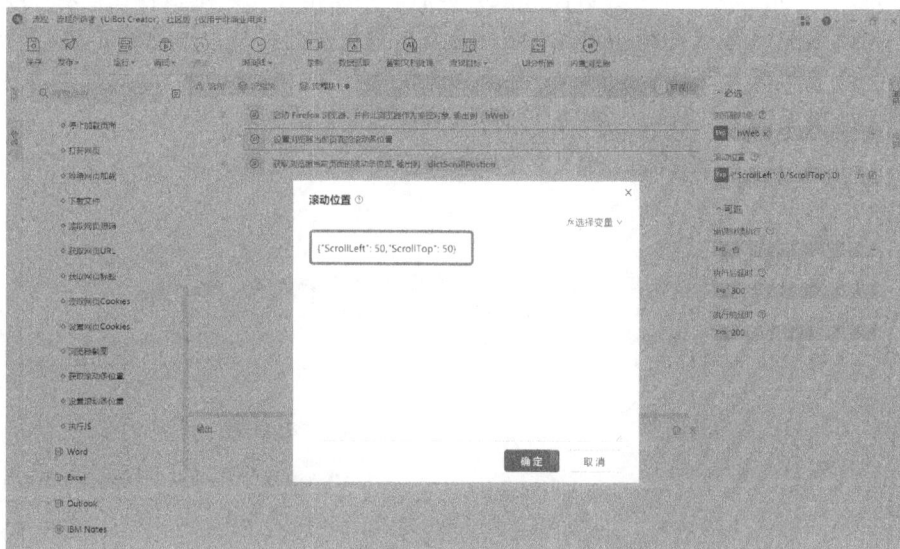

图 5.7　【获取滚动条位置】【设置滚动条位置】命令属性设置

7. 下载文件

【下载文件】命令利用浏览器下载指定文件。"下载链接"和"保存路径"设置下载文件所在的地址,以及将该文件保存的路径。"同步下载"指是否同步执行,"是"则等待文件下载完成后才返回继续执行,"否"则文件开始下载后立即返回。命令属性设置如图 5.8 所示。

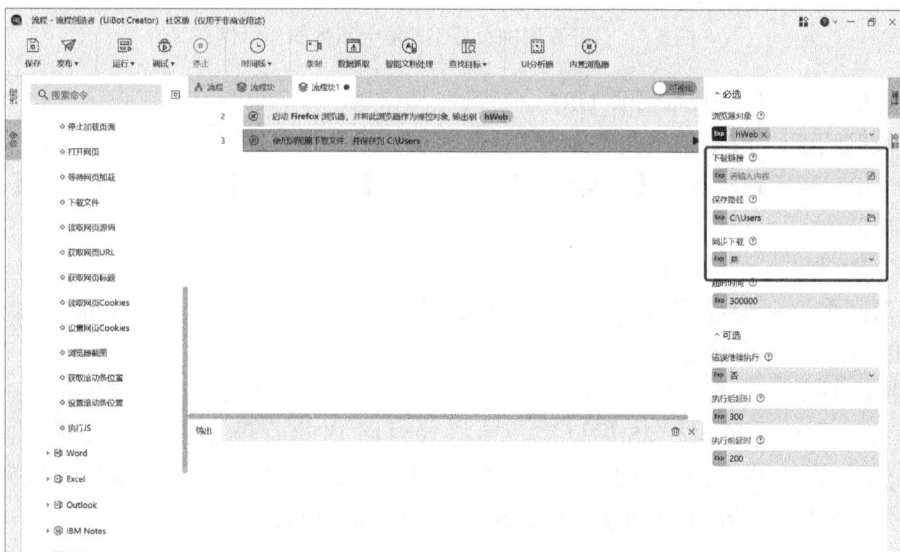

图 5.8　【下载文件】命令属性设置

5.1.2　网页操作命令

1. 打开网页、等待网页加载、停止加载页面

【打开网页】命令可以控制浏览器打开指定网页，通过"加载链接"变量属性设置指定网页地址，并将命令结果存储在变量中。"等待加载完成"属性表示是否等待网页加载完毕后命令才返回；"元素检测"可在页面加载完毕后，判断指定元素是否存在，若不填写，则不进行任何元素的判断。【等待网页加载】命令表示等待当前打开页面加载完成，【停止加载页面】命令表示暂停加载当前页面，相当于工具栏中的停止按钮。图 5.9 为打开百度网页后不检测元素的操作示例。

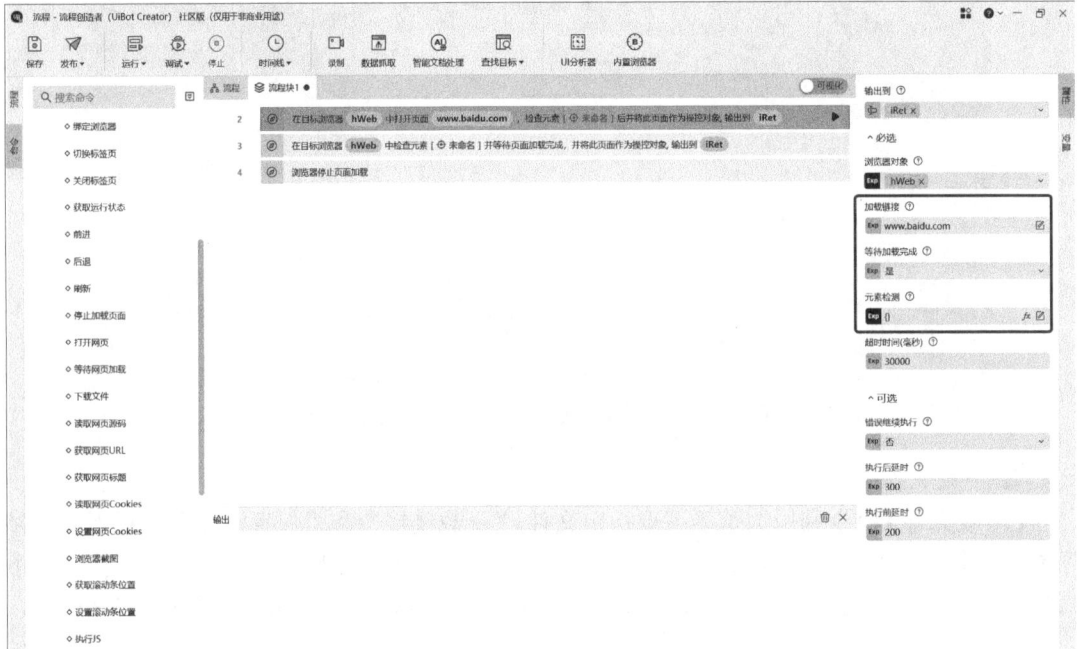

图 5.9　打开百度网页后不检测元素的操作示例

2. 读取网页源码、获取网页 URL、获取网页标题

【读取网页源码】【获取网页 URL】【获取网页标题】命令分别表示可获得当前打开页面的源码、URL 和标题，需在【启动新的浏览器】和【打开网页】命令后执行。运行结果如图 5.10 所示。

3. 读取/设置网页 Cookies

【读取网页 Cookies】和【设置网页 Cookies】命令可分别对网页的 Cookies 数据进行读取与设置。Cookies 数据是一个字典。运行结果如图 5.11 所示。

4. 执行 JS

【执行 JS】命令可执行 JS 后以字符串格式返回 JS 执行结果。参数设置中，"JS 代码"填写要执行的 JS 代码；"同步执行"表示在执行 JS 代码时，是否同步执行后续操作，图 5.12 所示的 JS 代码表示返回字符串"abc"。命令属性设置如图 5.12 所示。

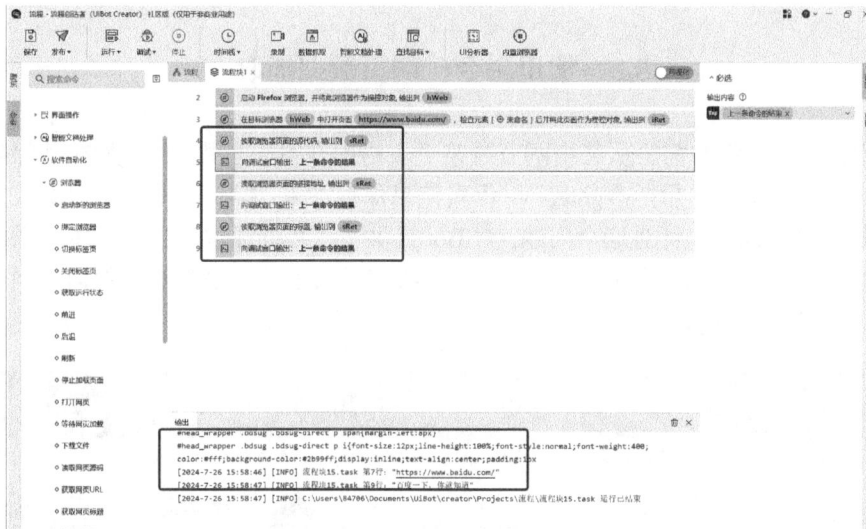

图 5.10　【读取网页源码】【获取网页 URL】【获取网页标题】命令运行结果

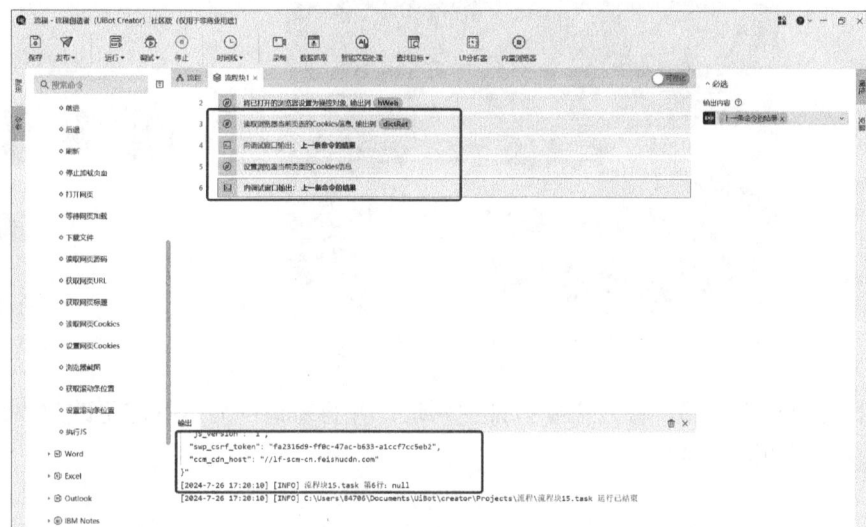

图 5.11　【读取网页 Cookies】和【设置网页 Cookies】命令运行结果

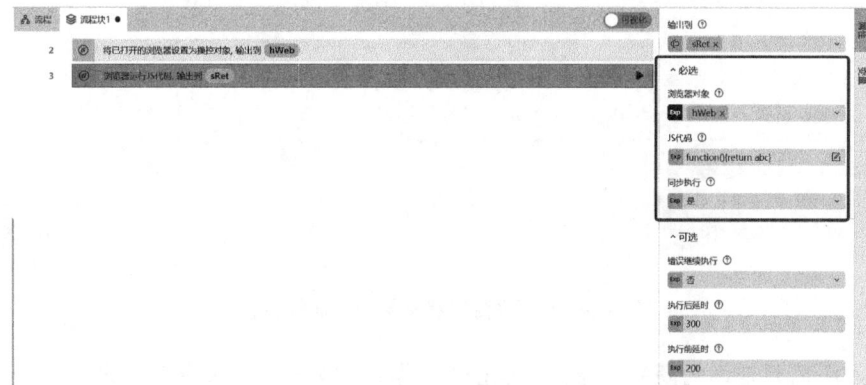

图 5.12　【执行 JS】命令属性设置

5.2　常用命令：网页数据抓取

在工作中，我们常常需要从某个网页或某个表格中获得一组数据，比如在某保险公司网站看到保险产品的信息，想把产品名称、保费信息保存下来，但是网站没有提供数据导出功能，依次保存又很烦琐。针对这个问题，UiBot 提供了"数据抓取"功能，用一条命令就可以将这些内容全部导出来，并放在数组中。下面我们以京东抓取手机信息数据为例介绍数据抓取操作，如图 5.13 所示。

图 5.13　京东网站首页

首先打开目标浏览器，输入需要打开的网址，并将窗口的显示状态更改为"最大化"，命令属性设置图如图 5.14 所示。

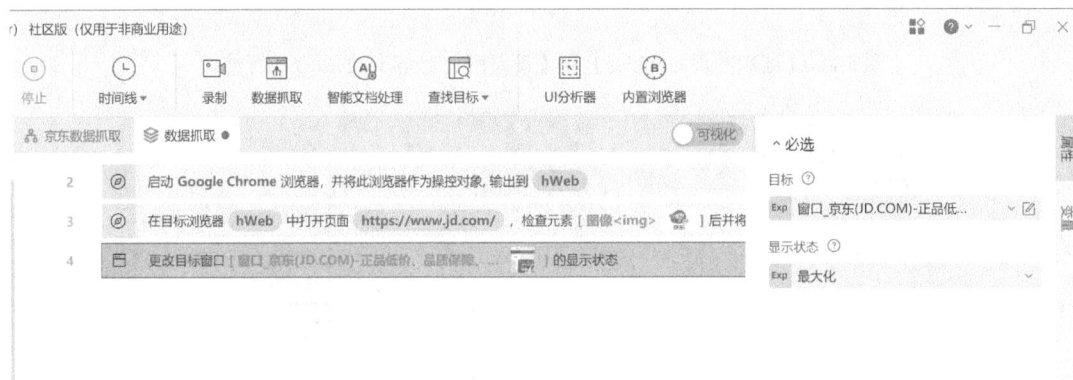

图 5.14　【更改窗口状态】命令属性设置

在输入所需要查询的商品信息后，点击【数据抓取】命令，命令属性设置及操作步骤如

图 5.15～图 5.17 所示。

图 5.15　点击【数据抓取】命令

图 5.16　【数据抓取】命令界面

图 5.17　【数据抓取】命令抓取内容

在选择目标时，弹出的蓝底红框圈定的范围是我们所需要抓取的数据，需要注意的是我们这里所抓取的元素为块级元素。此时，UiBot 会弹出提示框："请选择层级一样的数据再抓一次。"这是因为我们要抓取的数据是批量数据，必须找到这些批量数据的共同特征。因为第一次选取目标后，得到了一个特征，但是无法判断该特征是共同特征还是个性特征，所以只有通过再选择一个层级一样的数据并抓取一次，才能保留所有目标的共性，去掉每个目标各自的个性特征，如图 5.18 所示。

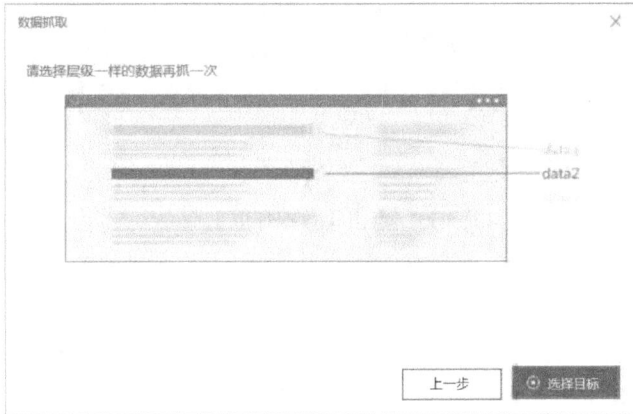

图 5.18　抓取数据层级

两次目标均选择后，UiBot 会再次给出引导框，询问抓取类型，可以是文字或者链接，也可以两者都选，如图 5.19 所示。

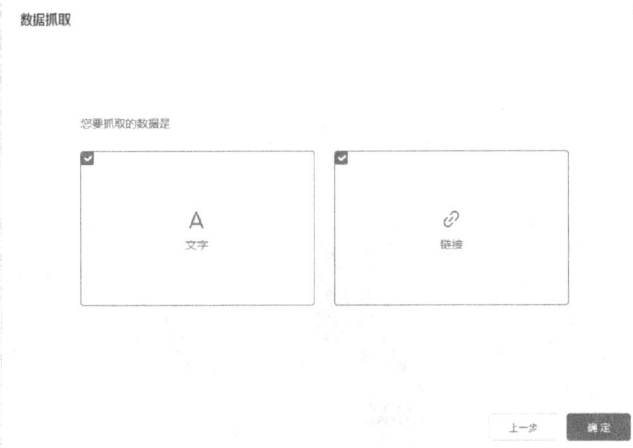

图 5.19　抓取数据类型

单击"确定"按钮，UiBot 会给出抓取结果的预览界面，可以查看数据抓取结果与期望是否一致。如果不一致，可以单击"上一步"按钮，重新开始数据抓取。

该案例中我们只抓取了部分数据，如果想抓取更多列的数据，可以单击"抓取更多数据"按钮，UiBot 会再次弹出目标选择界面，不需要则点击"下一步"按钮。此时出现的引导页面询问"是否抓取翻页按钮获取更多数据？"，如果需要抓取后面的内容则可以点击

"抓取翻页"按钮继续抓取。

所有步骤完成后，UiBot 自动增加一条【数据抓取】命令，命令的各个属性均已通过引导框填写完毕。"抓取页数"属性指定抓取几页的数据；"返回结果数"属性限定最多返回多少结果数，−1 表示不限定数量；"翻页间隔（毫秒）"属性指定每隔多少毫秒翻一次页。该命令将抓取到的数据保存在数组 arrayData 中。图 5.20 所示的命令抓取 5 页数据，并将结果输出在调试窗口中。

图 5.20　命令属性设置及运行结果

5.3　案例实战：行业最新文件抓取

5.3.1　需求分析

张三作为某电力企业的总经理，需要密切关注能源市场政策和最新文件，定期监测政府发布的能源政策变化可以帮助企业及时调整战略和运营方式，以适应不断变化的行业环境。张三希望能利用 RPA 工具，实现国家能源局文件相关信息的自动爬取，生成 Excel 表格，节省其工作时间。需要具体实现以下功能。

（1）自动打开国家能源局的最新文件界面（http://www.nea.gov.cn/）。

（2）依次获取首页的文件标题、网页链接及发布时间。

（3）在"能源局最新文件.xlsx"文件中将获取的信息进行登记，样式如下：

文件标题	下载链接	发布时间

5.3.2　自动化流程设计

RPA 咨询分析师在分析张三的需求后，设计的"最新文件"机器人工作流程如图 5.21 所示。

图 5.21　工作流程

与现有的流程相比，机器人减轻了张三的机械重复性工作量，有利于提升张三的工作效率。

5.3.3　开发步骤

步骤 1：新建一个流程，在流程图界面中绘制，如图 5.22 所示。

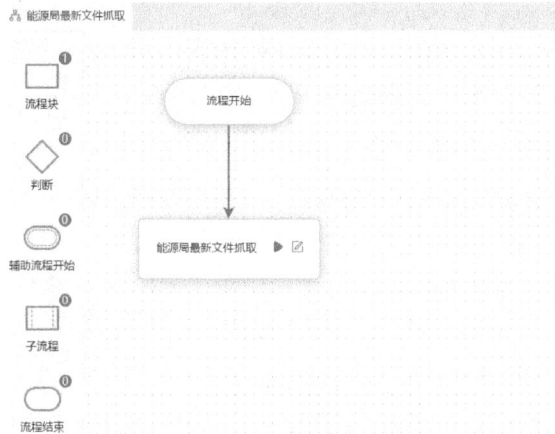

图 5.22　绘制流程图

步骤 2：在 res 目录下新建"最新文件"文件夹，在 res 目录下新建"能源局最新文件.xlsx"文件。

步骤 3：添加【启动新的浏览器】命令，设置"打开链接"为"http://www.nea.gov.cn/"，浏览器类型自行选择，这里选用火狐浏览器，如图 5.23 所示。

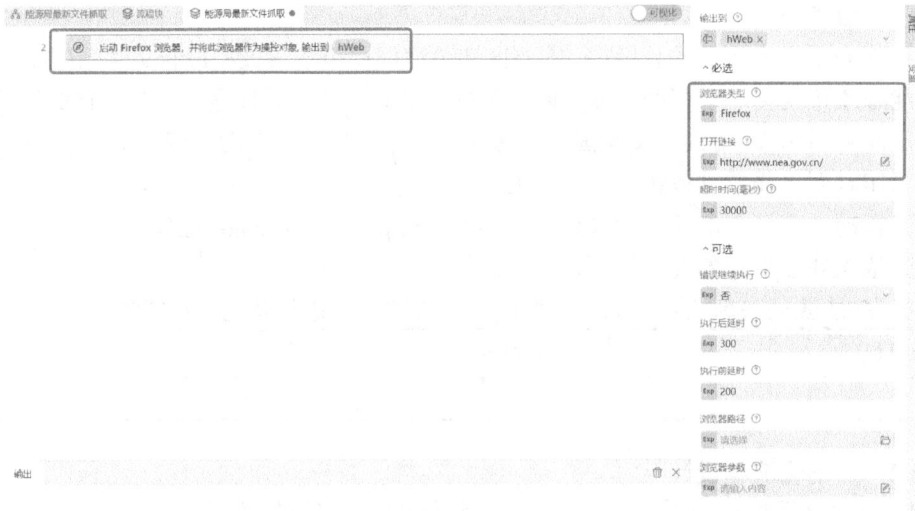

图 5.23　【启动新的浏览器】命令属性设置

步骤 4：添加【更改窗口显示状态】命令，选定目标，显示状态选择"最大化"，如图 5.24 所示。

图 5.24　【更改窗口显示状态】命令属性设置

步骤 5：添加【移动到目标上】命令，目标选择打开网页的"政策通知"，如图 5.25 所示。

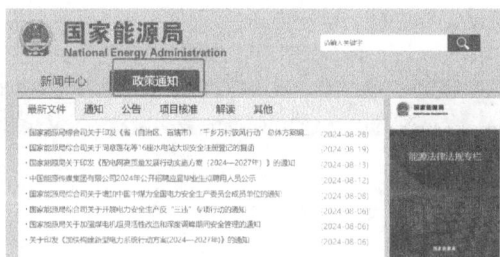

图 5.25　"政策通知"所在位置

步骤 6：添加【点击目标】命令，目标选择"最新文件"，如图 5.26 所示。

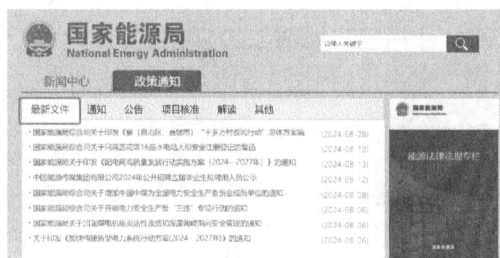

图 5.26　"最新文件"所在位置

步骤 7：点击菜单栏中的【数据抓取】命令，如图 5.27 所示。

图 5.27　【数据抓取】命令所在位置

弹出图 5.28 所示窗口，点击"选择目标"按钮。

图 5.28 【数据抓取】命令选择目标类型

选择要抓取的信息，即文件标题，如图 5.29 所示。

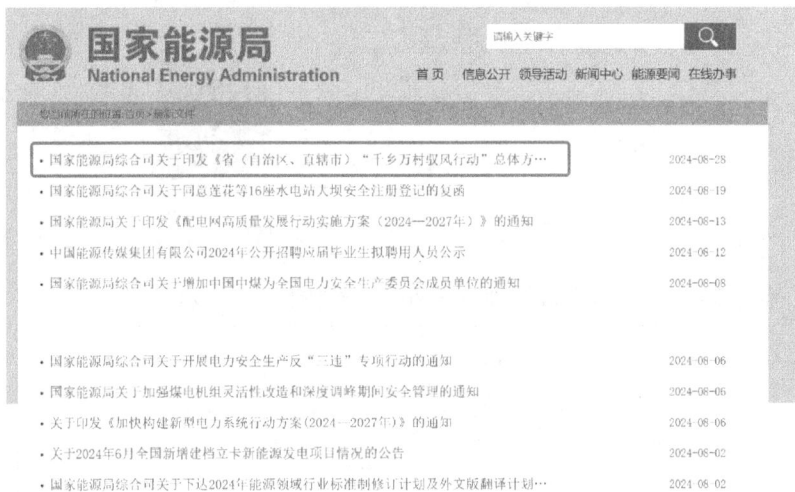

图 5.29 所需抓取信息

选择目标后会弹出如图 5.30 所示的窗口，选择层级一样的数据再抓取一次。

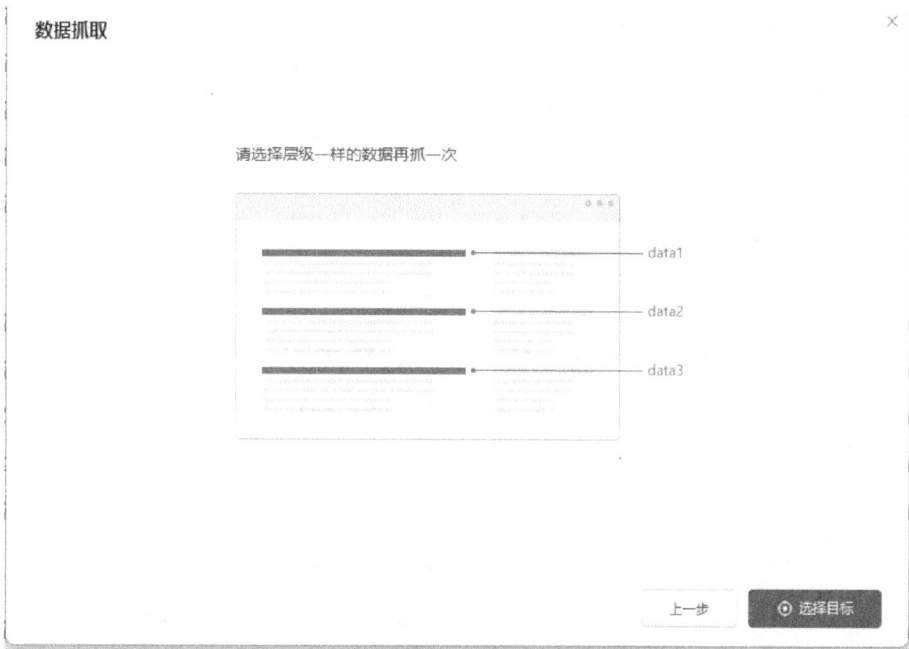

图 5.30　数据抓取的数据层级

选择数据类型勾选"文字"和"链接",如图 5.31 所示。

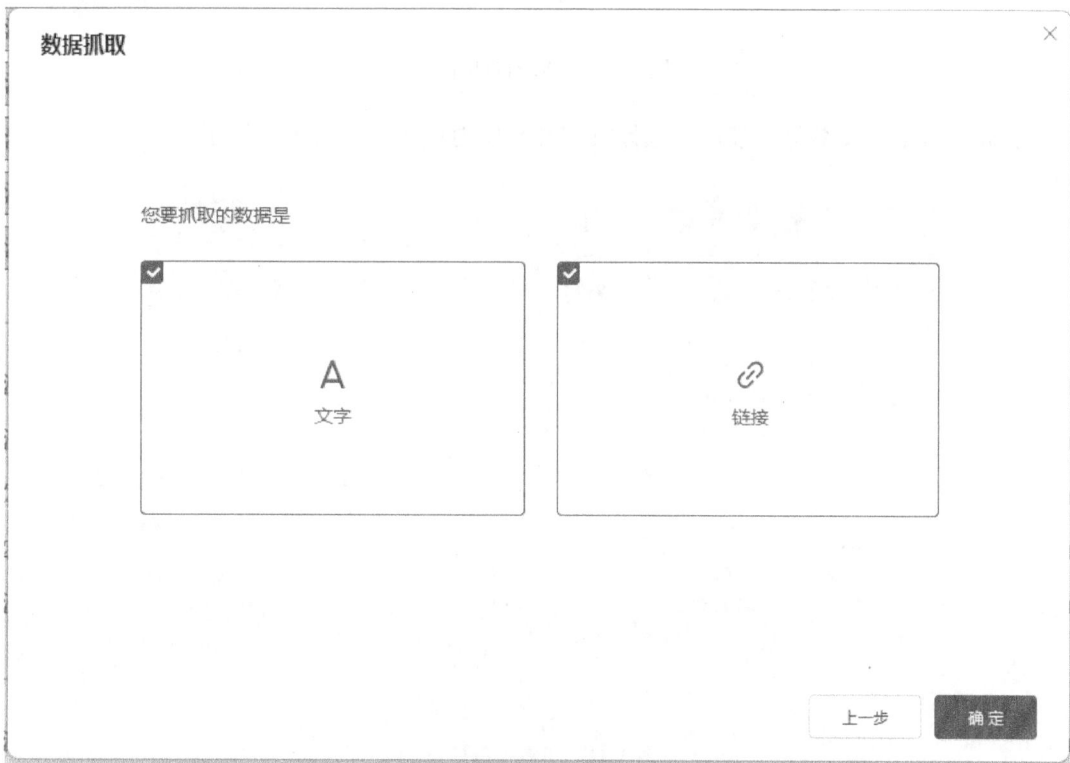

图 5.31　数据抓取的数据类型

会得到如图 5.32 所示的抓取信息。

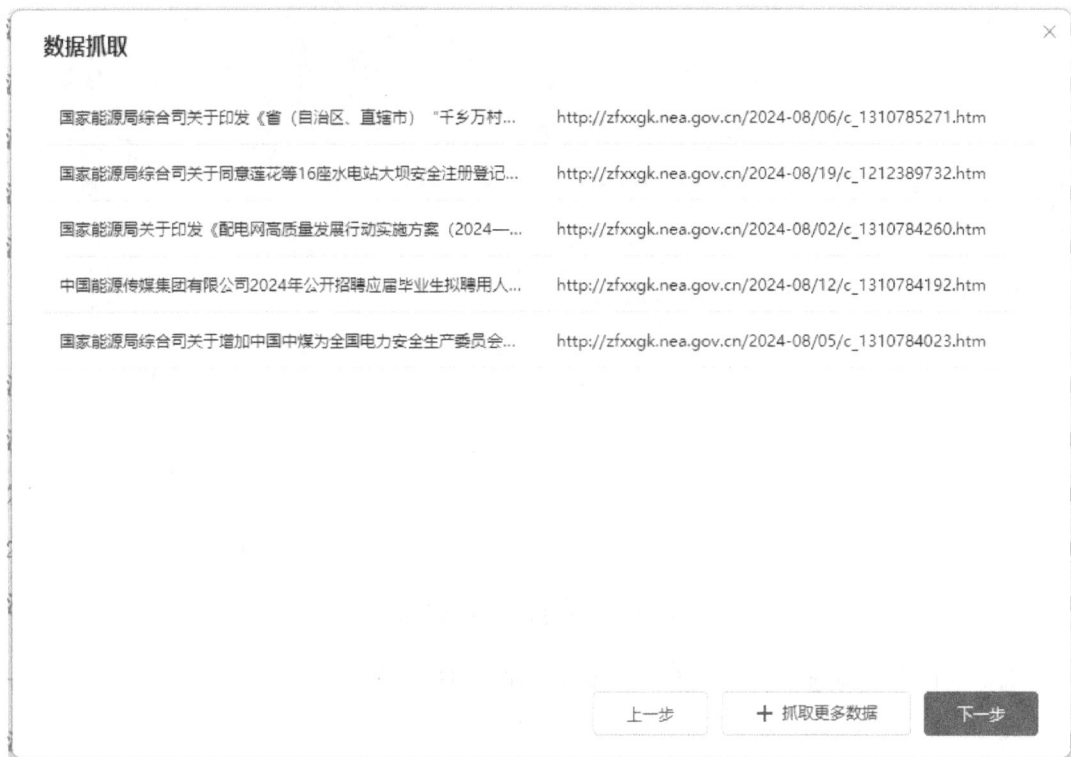

图 5.32   抓取的数据信息

点击"抓取更多数据"按钮，选择发布时间作为目标，如图 5.33 所示。

图 5.33   所需抓取信息

最终抓取信息如图 5.34 所示。

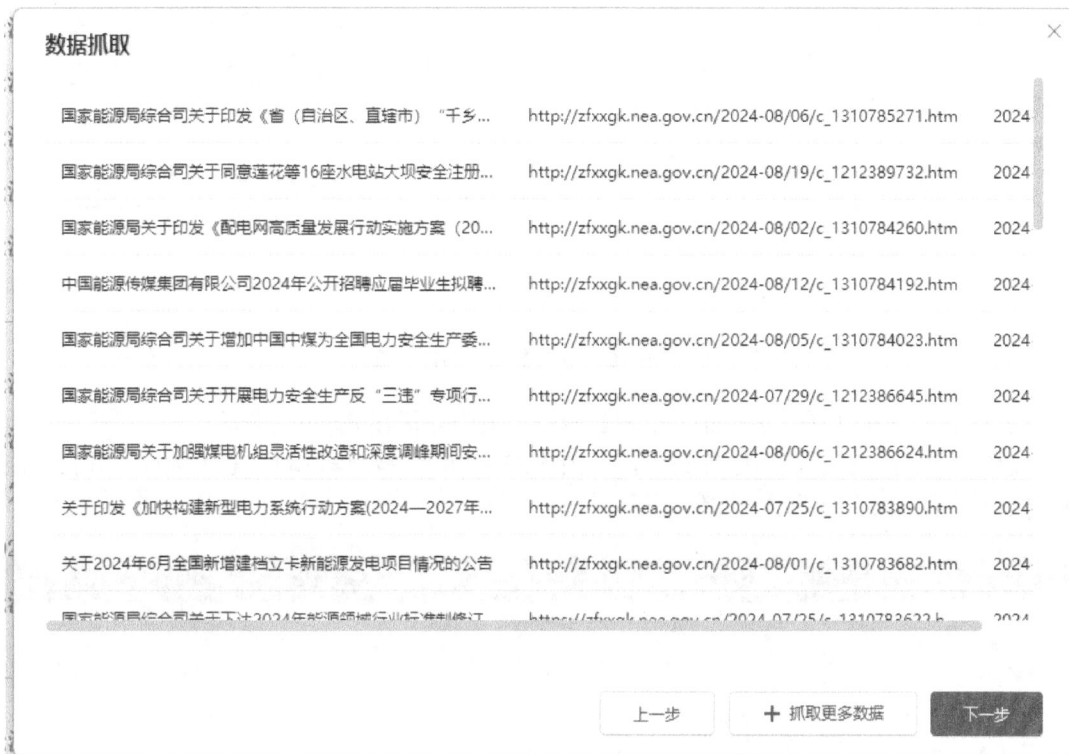

图 5.34　最终抓取信息

步骤 8：添加【打开 Excel 工作簿】命令，文件路径选择步骤 2 新建的"能源局最新文件.xlsx"，打开方式这里选择用 Excel，也可选择 WPS，如图 5.35 所示。

图 5.35　【打开 Excel 工作簿】命令属性设置

步骤 9：添加【写入行】命令，设置单元格为 A2，将 arryData 数组写入单元格 A2 所在行，如图 5.36 所示。

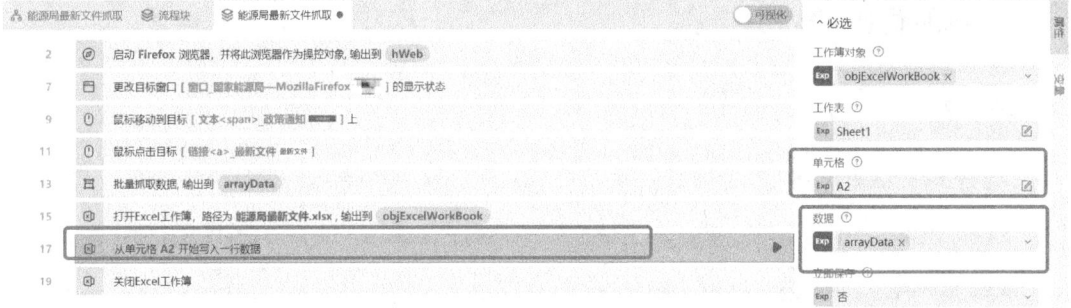

图 5.36　【写入行】命令属性设置

步骤 10：添加【关闭 Excel 工作簿】命令，关闭并保存 Excel 工作簿。

运行该流程，查看流程运行结果，如图 5.37 所示。该流程自动爬取了数据，并在"能源局最新文件.xlsx"中写入了相关信息。

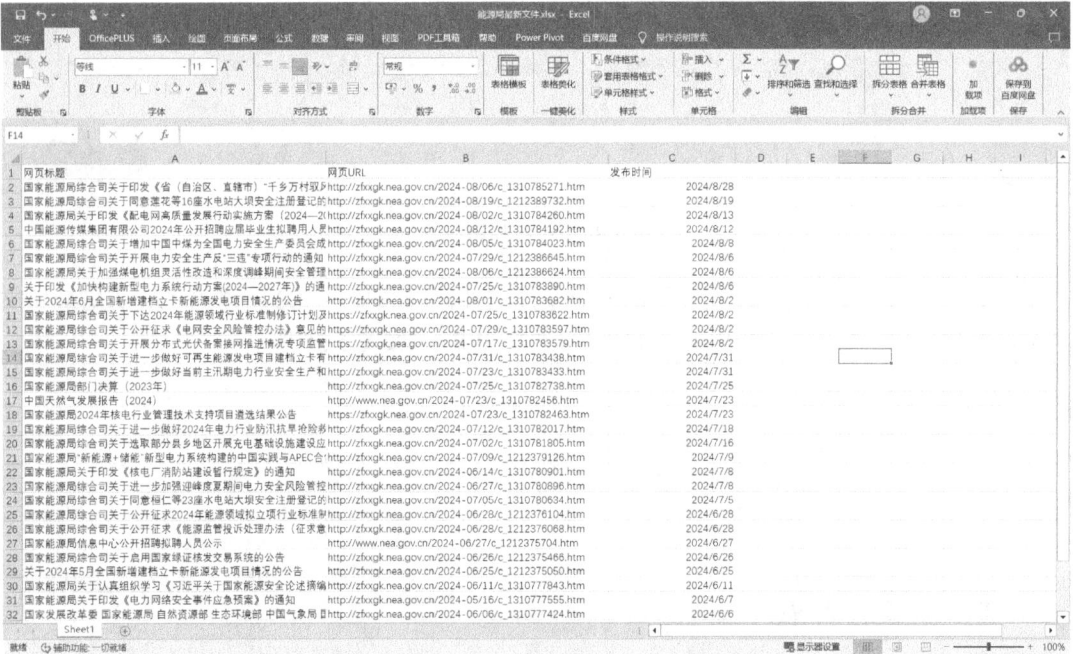

图 5.37　运行结果

第6章 采购数据分析

Microsoft Word 是一款广泛使用的文字处理软件，具备丰富的功能和工具，被广泛应用于各种办公场景。Word 提供了文本编辑、格式设置、图像插入、表格设计、目录生成等功能，使用户能够轻松创建、编辑和排版各种文档，如报告、信函、简历等。然而，在大量文档处理任务中，重复性的操作和烦琐的格式修改可能会消耗大量时间和精力。此时，RPA 可以发挥重要作用，通过模拟人的操作，它可以自动创建、编辑和格式化文档，处理表格和数据，执行格式转换和批量操作，并进行文档的审阅和校对。这样的自动化能够节省时间、减少错误，并保证文档处理的一致性和质量。

利用 RPA 实现 Word 操作自动化，需要安装 Office2007 以上版本，或者用 WPS2016 以上版本。Word 操作自动化命令在命令树的"软件自动化-Word"目录下，主要包括文档操作命令、文档编辑命令等。

6.1 常用命令：文档操作

6.1.1 打开关闭文档
1. 打开文档

【打开文档】命令用于打开"文件路径"指定的 Word 文件，返回 objWord 对象。该命令有以下 4 个必选属性。

（1）"文件路径"属性指定 Word 文件的路径，文件可以是 doc、docx 等格式，如果指定的文件不存在，UiBot 会在指定路径新建一个同名的 Word 文件。

（2）"访问时密码"和"编辑时密码"属性分别对应于 Word 文档中设置的"打开文件时密码"和"修改文件时密码"。

（3）"是否可见"指进行 Word 文档自动化操作时，是否显示 Word 软件界面。

【打开文档】命令属性如图 6.1 所示。

2. 关闭文档

【关闭文档】命令关闭指定的文档对象。该命令有"文档对象"和"关闭进程"两个属性，如图 6.2 所示。"文档对象"属性指定需要关闭的文档对象。"关闭进程"属性为"是"，表示在关闭文档时，关闭 Word 进程；反之，在关闭文档时不关闭 Word 进程。需要注意的是，关闭文档时会默认保存文档内容。

3. 退出 Word

【退出 Word】命令用于关闭 Word 应用程序，可与【关闭文档】命令组合使用。在自动处理多个 Word 文档时，可先设置【关闭文档】命令的"关闭进程"属性为"否"，待多个 Word 文档处理完毕后，再通过【退出 Word】命令关闭 Word 应用程序。

图 6.1　【打开文档】命令属性　　　　　图 6.2　【关闭文档】命令属性

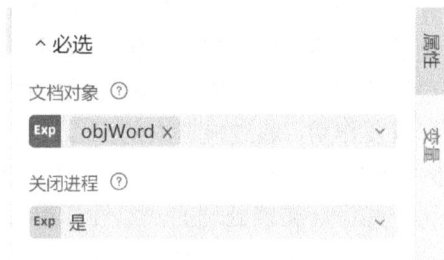

6.1.2　读取与重写文档

1. 读取文档

【读取文档】命令读取 Word 文档对象中的全部内容，保存到一个字符串变量中。【读取文档】命令会将文档中文字内容全部读取出来，但是暂时不支持读取文字的格式、表格的状态和图片。例如，对于图 6.3 及图 6.4 所示的"中国互联网络发展状况统计报告.docx"，通过【读取文档】命令读取后，输出到 sRet 的内容，如图 6.5 所示。

一、互联网基础资源发展状况

截至 2023 年 12 月，我国 IPv4 地址数量为 39219 万个，IPv6 地址数量为 68042 块/32，IPv6 活跃用户数达 7.62 亿；我国域名总数为 3160 万个[1]，其中，".CN"域名数量为 2013 万个；我国移动电话基站总数达 1162 万个，互联网宽带接入端口数量达 11.36 亿个，光缆线路总长度达 6432 万公里。

表 1　2023.12 互联网基础资源发展状况

分类	单位	2023 年 12 月
IPv4	个	392,192,512
IPv6	块/32	68,042
IPv6 活跃用户数	亿	7.62
域名	个	31,595,563
其中：".CN"域名	个	20,125,764
移动电话基站	万个	1,162
互联网宽带接入端口	亿个	11.36
光缆线路长度	万公里	6,432

（一）IP 地址

截至 2023 年 12 月，我国 IPv6 地址数量为 68042 块/32，较 2022 年 12 月增长 1.0%。对全球 23 个重点公共递归服务的 IPv6 支持情况进行采集分析，有 14 个递归服务提供 IPv6

图 6.3　统计报告内容（1）

公共递归服务，约占 60.9%。

IPv6 地址数量

2019年12月	2020年12月	2021年12月	2022年12月	2023年12月
50877	57634	63052	67369	68042

■IPv6地址数量（块/32）

来源：CNNIC 中国互联网络发展状况统计调查　　　2023.12

图1　IPv6 地址数量[2]

截至 2023 年 12 月，我国 IPv6 活跃用户数达 7.62 亿。

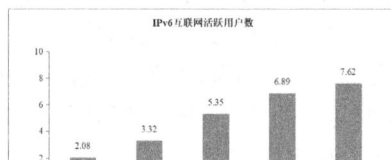

IPv6 互联网活跃用户数

2.08	3.32	5.35	6.89	7.62

图 6.4　统计报告内容（2）

图 6.5　【读取文档】命令输出结果

2. 重写文档

【重写文档】命令将内容写入 Word 文档，会覆盖原有的内容。例如，将上文统计报告从 "Word 文档编辑.docx" 中读取到并保存在 sRet 变量中的信息，重新写入文档 "Word 文档编辑.docx"，【重写文档】命令会覆盖原有的文档内容，如图 6.6 所示。

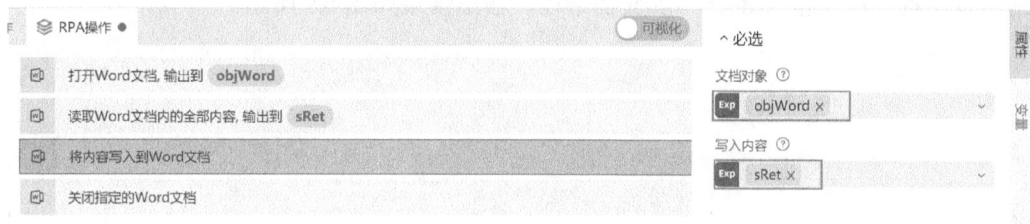

图 6.6　【重写文档】命令设置

6.1.3　保存文档

1. 保存文档

【保存文档】命令保存指定的 Word 文档，如图 6.7 所示。

2. 文档另存为

【文档另存为】命令将 Word 文档对象另存。命令属性中的 "文档对象" 属性指定待保存的文

图 6.7　【保存文档】命令属性

档对象；"文件路径" 属性指定文档另存为的位置与文件名；"文档格式" 属性指定保存文档格式，后缀可为.doc、.docx、.txt、.csv 等，如图 6.8 所示。

图 6.8 【文档另存为】命令属性

6.1.4　获取文档路径

【获取文档路径】命令用于获取已打开的 Word 文档的文件路径。例如，获取"中国互联网络发展状况统计报告.docx"的文档路径，输出结果如图 6.9 所示。

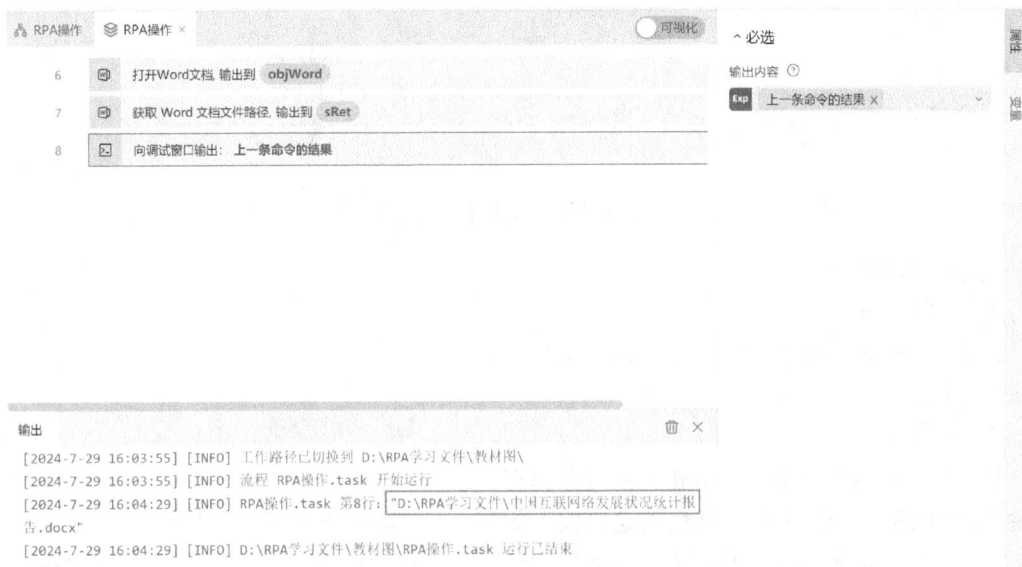

图 6.9 【获取文档路径】命令结果

6.2　常用命令：文档编辑

6.2.1　焦点设置

1. 设置光标位置

【设置光标位置】命令设置 Word 文档光标所在位置。该命令除了"文档对象"属性外，还有"移动次数""移动方式"两个属性（见图 6.10）。"移动次数"与"移动方式"属性配合使用，指的是光标按照"移动方式"移动多少次。"移动方式"属性有三个选项，分别是"字符""行"和"段落"，分别代表光标向右移动一个字符、向下移动一行和向下移动一个段落。例如，将"移动方式"设置为"行"，"移动次数"设置为 3，表示焦点设置为初始焦点下移三行，也就是第四行。需要注意的是，移动次数不能为负数，也就是说光标不能向左、向上移动。

2. 移动光标位置

【移动光标位置】命令表示相对光标的当前位置，移动光标在 Word 文档光标中的位置。该命令除了与【设置光标位置】命令一样，有"文档对象""移动次数""移动方式"三个属性外，还有"移动方向""按住 Shift"两个属性（见图 6.11）。

"移动方向"可选择"左""右""上""下"，默认为"右"，表示从当前位置，向哪个方向移动。"左""上"的移动起始位置是选中文本的开始位置，"右""下"的移动起始位置是选中文本的结束位置。"按住 Shift"表示光标移动时是否按住 Shift 键，默认为"否"。例如，将光标从当前位置向上移动一个字符，设置移动次数为"1"，移动方式为"字符"，移动方向为"上"。

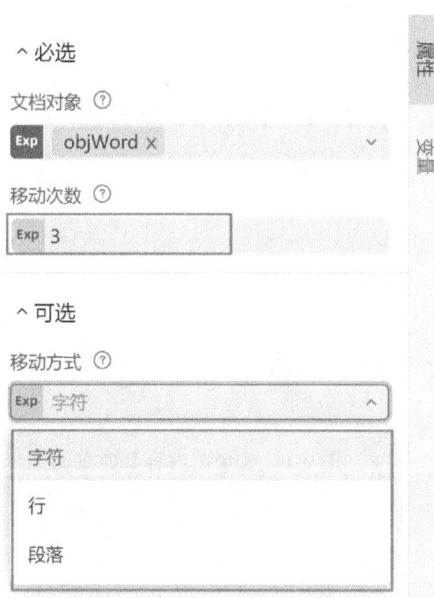

图 6.10　【设置光标位置】命令属性　　　　　　图 6.11　【移动光标位置】命令属性

3. 查找文本后设置光标位置

【查找文本后设置光标位置】命令在 Word 文档中查找指定的文本，并根据第一个查找到的文本设置光标位置。

该命令除了"文档对象"属性外，还有"文本内容""相对位置"两个属性（见图 6.12）。"文本内容"属性设置查找的文本内容，"相对位置"设置光标相对于文本的位置，包括"选中文本""光标在文本之前""光标在文本之后"三个选项。例如，在"中国互联网络发展状况统计报告.docx"中，查找"互联网"并设置光标位置为查找到的第一个"互联网"之后。

4. 选择行

【选择行】命令在 Word 文档中选择指定行范围。除了"文档对象"属性外，"起始行""结束行"属性分别设置选择范围的开始行与结束行。如图 6.13 所示，将起始行、结束行分别设置为 2、3，表示选择文档的第 2、3 行。

图 6.12　【查找文本后设置光标位置】命令属性

图 6.13　【选择行】命令属性

5. 全选内容

【全选内容】命令选中 Word 文档中的所有内容，如图 6.14 所示，该命令只有一个"文档对象"属性。

6.2.2　文本编辑

1. 复制、剪切、粘贴、退格键删除

【复制】、【剪切】、【粘贴】、【退格键删除】命令分别对 Word 文档当前选中的内容执行复制、剪切、粘贴、删除操作。四个命令均只有一个"文档对象"属性。

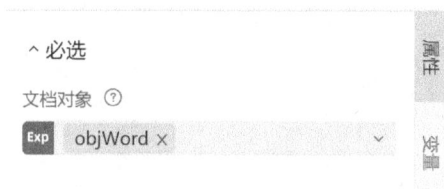

图 6.14　【全选内容】命令属性

2. 读取选中文字

【读取选中文字】命令读取 Word 文档当前选中部分的文字，并将其保存在输出变量中。该命令只有一个"文档对象"属性。

3. 写入文字

【写入文字】命令向 Word 文档光标所在的位置写入文字，如果有选中内容则替换选中的内容。如图 6.15 所示，在【写入文字】命令中，设置写入内容为"调研报告"，命令在当前光标位置插入"调研报告"。

4. 文字批量替换

【文字批量替换】命令对 Word 文档中的特定字符串进行替换。除了"文档对象"属性外，该命令还有多个其他属性："匹配字符串"属性设置要匹配的字符串；"替换字符串"属性设置要替换的字符串；在匹配字符串时，可设置是否"区分大小写"、是否"全字匹配"、是否"支持通配符"、是否"向下/向后查找"；"循环方式"属性设置"如果到达匹配范围的开头或结尾"的处理方式，包括"查找匹配结束""继续进行匹配""显示一条消息，询问是否匹配文档的其余部分"；"替换方式"属性包括"不替换任何内容""替换第一个符合条件的内容""替换所有符合条件的内容"。该命令如果找到匹配字符串，并将其替换为替换字符串，则返回"true"，否则返回"false"。

如图 6.16 所示，在"中国互联网络发展状况统计报告.docx"文件中，查找最后一个"互联网"，并将其替换为"互联网+"，需设置"匹配字符串"为"互联网"，设置替换字符串为"互联网+"，设置"向下/向后查找"为"否"，表示倒序查找，设置"循环方式"为"如果到达匹配范围的开头或结尾，则继续进行匹配"，设置"替换方式"为"替换第一个符合条件的内容"。

图 6.15 【写入文字】命令设置

图 6.16 【文字批量替换】命令设置

6.2.3 文本格式化

1. 设置字体、文本大小、文字颜色、文字样式

【设置字体】、【文本大小】、【文字颜色】、【文字样式】命令可设置选中文字的字体、大小、颜色、样式。这些命令均有"文档对象"属性，另外【设置字体】命令的"字体名"属性填写字体名称；【文字大小】命令的"字号大小"填写字号的大小且只能是数字；【文字颜色】命令的"文字颜色"填写 16 进制颜色色值（如"000000"表示黑色），也可自动识别 black，white，blue，green，orange，pink，violet，red，yellow 九种常用颜色的英文；【文字样式】命令用于设置是否粗体、是否斜体以及下划线的样式。

2. 设置对齐方式

【设置对齐方式】命令设置已打开 Word 文档当前选中文字的对齐方式，包括左对齐、居中对齐、右对齐、两端对齐、分散对齐，默认为"左对齐"，如图 6.17 所示。

6.2.4　其他

1. 插入回车、插入新页面

【插入回车】、【插入新页面】命令分别在 Word 文档当前光标所在位置插入一个回车、分页符。

2. 插入图片

【插入图片】命令在 Word 文档当前光标所在位置插入一张图片。"图片路径"属性指定图片所在位置；"独立副本"属性表示在插入图片时，是否将插入的图片复制一份，默认为"是"；"保存到文档"属性表示在插入图片时，是否将插入的图片保存到 Word 文档中，默认为"是"，如图 6.18 所示。需要注意的是，为了防止图片删除或移位，建议将"保存到文档"设置为"是"。

图 6.17　【设置对齐方式】命令设置

图 6.18　【插入图片】命令设置

图 6.19　"在职员工信息表"示例

3. 【案例】员工信息表维护

案例要求：某公司每年年末进行一次员工的年度考核，考核结果分为"优秀""合格"和"不合格"，将其登记在员工的在职员工信息表中，且需要将结果标红并插入该员工照片，如图 6.19 所示。

新建流程，打开"在职员工信息表.docx"后，选中"照片"并删除，如图 6.20～图 6.22 所示。

图 6.20　流程命令设置

^ 必选

文档对象 ⑦

Exp　objWord ×　　　　　　　∨

文本内容 ⑦

Exp　照片　　　　　　　　　✎

相对位置 ⑦

Exp　选中文本　　　　　　　∨

图 6.21　"照片"定位设置

^ 必选

模拟按键 ⑦

Exp　Delete　　　　　　　∨

按键类型 ⑦

Exp　单击　　　　　　　　∨

辅助按键 ⑦

Exp　请选择

图 6.22　"模拟按键"设置

在"照片"位置插入员工照片，保存至文档。将光标定位到"年度考核"后，点击"Tab"填写考核结果，如图 6.23～图 6.25 所示。

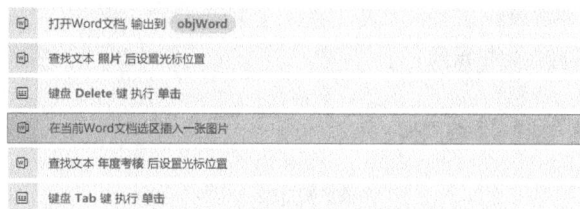

打开Word文档, 输出到 objWord

查找文本 照片 后设置光标位置

键盘 Delete 键 执行 单击

在当前Word文档选区插入一张图片

查找文本 年度考核 后设置光标位置

键盘 Tab 键 执行 单击

图 6.23　流程命令设置

^ 必选

文档对象 ⑦

Exp　objWord ×　　　　　　　∨

图片路径 ⑦

Exp　D:\信息表照片.jpeg　　　📁

^ 可选

独立副本 ⑦

Exp　是　　　　　　　　　∨

保存到文档 ⑦

Exp　是　　　　　　　　　∨

图 6.24　【插入图片】命令设置

^ 必选

文档对象 ⑦

Exp　objWord ×　　　　　　　∨

文本内容 ⑦

Exp　年度考核　　　　　　　✎

相对位置 ⑦

Exp　光标在文本之后　　　　∨

图 6.25　"年度考核"定位设置

将考核结果："2023 年度考核：优秀"写入指定区域内，将文字设置成红色，如图 6.26～图 6.28 所示。

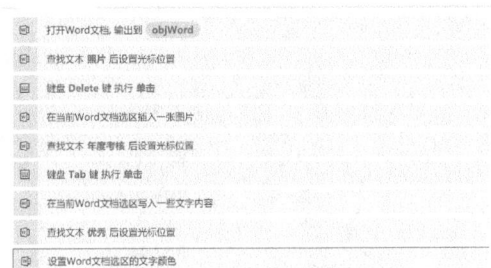

图 6.26　流程命令设置

图 6.27　"优秀"定位设置

图 6.28　【文字颜色】命令设置

流程运行结果，如图 6.29 所示。

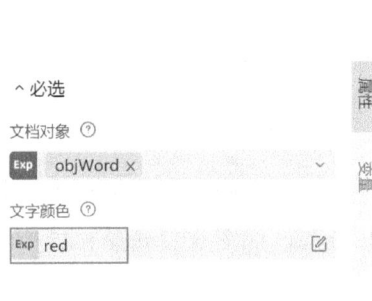

在职员工信息表

姓名	何历	性别	女
联系电话	8008208820	年龄	31
部门	市场部	岗位	总监
年度考核		2023 年度考核：优秀	

图 6.29　流程运行结果

6.3　案例实战：电商采购数据基础报告

6.3.1　需求分析

小梁是某电力公司采购部的一名员工，他需要根据当年和往年的电商采购基础数据表，按照既定的计算规则和预设模型，计算并生成多张分析结果表格和一份最终的《某电力公司××年 1～7 月电商采购数据基础报告》文档。他希望有一个 RPA 机器人可以帮助自己完成该标准流程化的工作。

6.3.2　自动化流程设计

RPA 咨询分析师在分析小梁的需求后，设计的 RPA 机器人工作流程如图 6.30 所示。

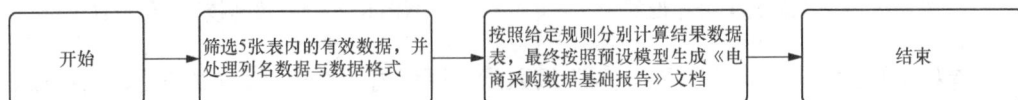

图 6.30　工作流程

电商采购数据基础报告结果如图 6.31 所示。

××供电公司 2024 年电商采购数据基础报告

一、××公司总体采购情况

2024 年××公司订单金额 35.91 万元，同比增长 7.94%，其中一级专区订单金额共13.28 万元，同比增长 31.36%；二级专区订单金额共 10.41 万元，同比增长 51.97%，××订单金额共 12.22 万元，同比降低 25.08%。各类别采购数据见表 1。

表 1: 2024 年××公司各类别采购数据

专区	订单类型	2023 年交易金额（万元）	2024 年交易金额（万元）	同比增长
××专区	××物资	10.11	13.28	31.36%
××专区	××物资	6.85	10.41	51.97%
××专区	××物资	16.31	12.22	-25.08%
合　计		33.27	35.91	7.94%

（一）××公司各部门采购情况分析

2024 年××各本部各单位电商化采购金额完成情况见表 2：

表 2: 2024 年本部各单位采购金额

序号	单位	2023 年采购金额（万元）	2024 年采购金额（万元）	同比增长
1	××公司	3.66	4.31	17.76%
2	××公司	5.72	5.77	0.87%
…	…	…	…	…
18	××公司	2.11	1.89	-10.43%
19	××公司	3.03	2.58	-14.85%
20	××公司	8.29	9.05	9.17%

（二）供应商份额分析

2024 年××公司一级专区采购订单覆盖供应商××家，二级专区采购订单盖供应商××家，其中一级专区的**公司订单金额占比最高；二级专区的**公司订单金额占比最高。订单金额占比 5%以上的供应商情况如表 3、表 4。

表 3: 2024 年一级专区供应商履约份额统计

序号	供应商名称	交易金额（万元）	金额占比
1	××公司	17.13	18.11%
2	××公司	20.11	22.08%

表 4: 2024 年二级专区供应商履约份额统计

序号	供应商名称	交易金额（万元）	金额占比
1	××公司	7.26	6.39%
2	××公司	8.07	7.01%

图 6.31　电商采购数据基础报告

具体规则如下。

（1）总体采购情况。

一级专区的办公用品及非电网零星物资 2024 年交易金额：累计《2024 年金华公司电商采购专区数据》中合同编号为空的含税总价金额。

一级专区的办公用品及非电网零星物资 2023 年交易金额：累计《2023 年金华公司电商采购专区数据（历史）》中同期数据合同编号为空的含税总价金额。

一级专区的办公用品及非电网零星物资交易金额同比增长：R =（今年金额−去年金额）/去年金额×100%，去年金额为去年同期金额累计，同比增长为今年与去年金额对比，以下不再说明。

二级专区的非电网零星物资 2023 年交易金额（万元）：累计《2024 年金华公司电商采购专区数据》中合同编号不为空的含税总价金额（2023 年交易金额为去年同期数据累计值）。

ECP 电网零星物资选购专区的电网零星物资 2024 年交易金额（万元）：累计《2024 年ECP2.0 电网零星物资选购专区数据》中的含税总价金额（2023 年交易金额为去年同期数据累计值）。

合计：3 项金额累加。

（2）各单位采购金额表。

今年数据：按需求部门分别累加《2024 年 ECP2.0 电网零星物资选购专区数据》和《2024

年市本级电商采购数据》中的含税总价金额（去年数据为去年同期累加）。

（3）供应商份额分析。

一级专区供应商履约份额统计：按供应商维度分别累计一级专区今年数据中所有供应商的交易金额，同时计算占比。

二级专区供应商履约份额统计：按供应商维度分别累计二级专区今年数据中所有供应商的交易金额，同时计算占比。

6.3.3　开发步骤

步骤 1：新建一个流程，在流程图界面中绘制流程块。

步骤 2：将需要处理的文件放置在 res 目录下，如图 6.32 所示。

步骤 3：添加【打开工作簿】命令，打开表 1，输出到"××公司电商采购专区数据 2023"。

步骤 4：添加【获取行数】命令，输出到 iRet1，如图 6.33 所示。

步骤 5：添加两个【变量赋值】命令，变量名分别为"一级专区 2023"和"二级专区 2023"，值均为 0。

图 6.32　res 目录

图 6.33　【获取行数】命令属性设置

步骤 6：添加【从初始值开始按步长计数】命令，初始值为 1，结束值为"iRet1-1"，步长为 1，如图 6.34 所示。

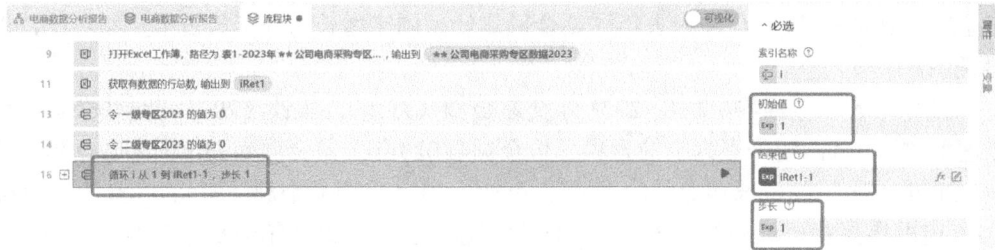

图 6.34　【从初始值开始按步长计数】命令属性设置

步骤 7：添加两个【读取单元格】命令，分别读取""N"&i+1"和""J"&i+1"，并输出到合同编号和表 1 总价，如图 6.35 所示。

步骤 8：添加【转为小数数据】命令，将表 1 总价转化为数值类型，输出到表 1 总价。

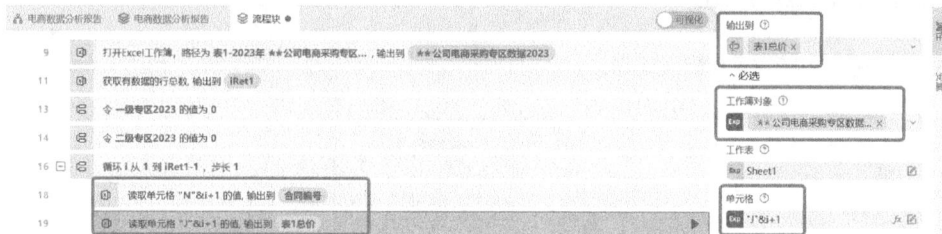

图 6.35　【读取单元格】命令属性设置

步骤 9：添加【获取字符串字节长度】命令，目标字符串选择合同编号，输出到字符串长度。

步骤 10：添加【如果条件成立】命令，判断表达式为字符串长度=0，则令一级专区 2023=一级专区 2023+表 1 总价，如图 6.36 所示。

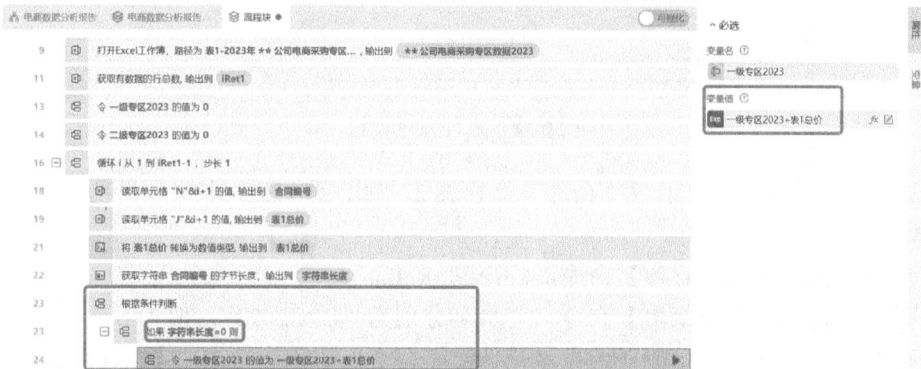

图 6.36　【如果条件成立】命令属性设置

步骤 11：添加【否则执行后续操作】命令，令二级专区 2023=二级专区 2023+表 1 总价，如图 6.37 所示。

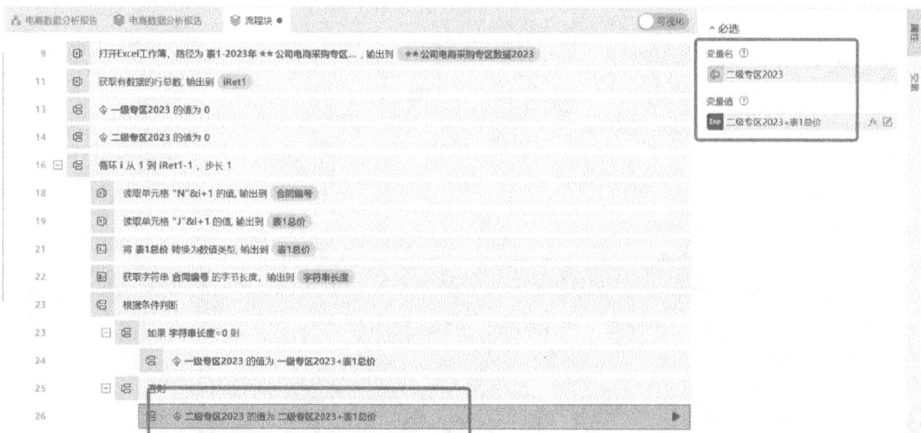

图 6.37　【否则执行后续操作】命令属性设置

步骤 12：参考步骤 3～步骤 11，添加相同命令，仅需修改变量名，得二级专区 2024 和一级专区 2024 的值，如图 6.38 所示。

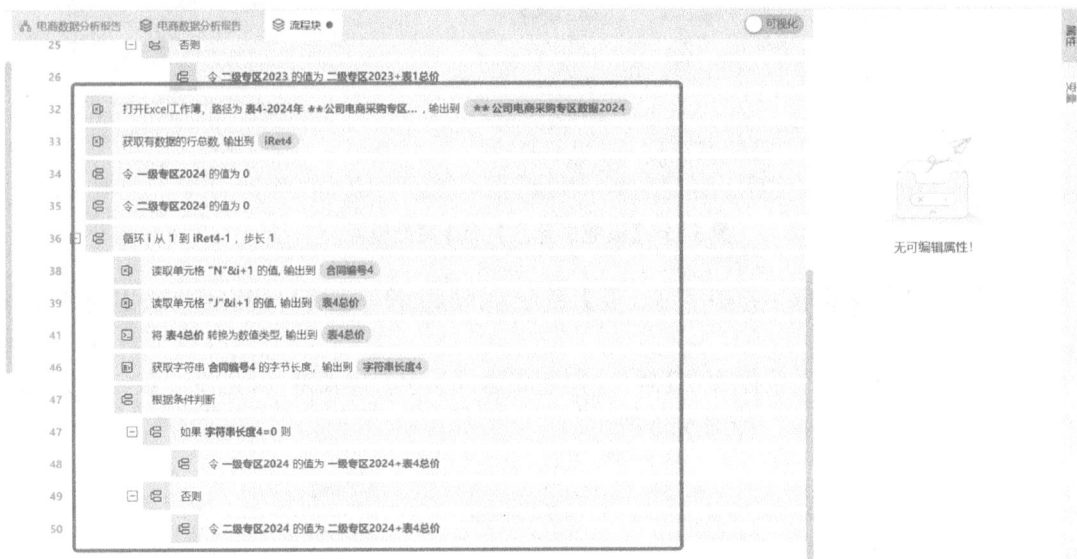

图 6.38　流程命令设置

步骤 13：添加【打开工作簿】命令，打开表 2，输出到"ECP 电网零星物资选购专区数据 2023"。

步骤 14：添加【获取行数】命令，输出到 iRet2。

步骤 15：添加【变量赋值】命令，变量名分别为"EPC2023"，值为 0。

步骤 16：添加【从初始值开始按步长计数】命令，初始值为 1，结束值为 iRet2-1，步长为 1，如图 6.39 所示。

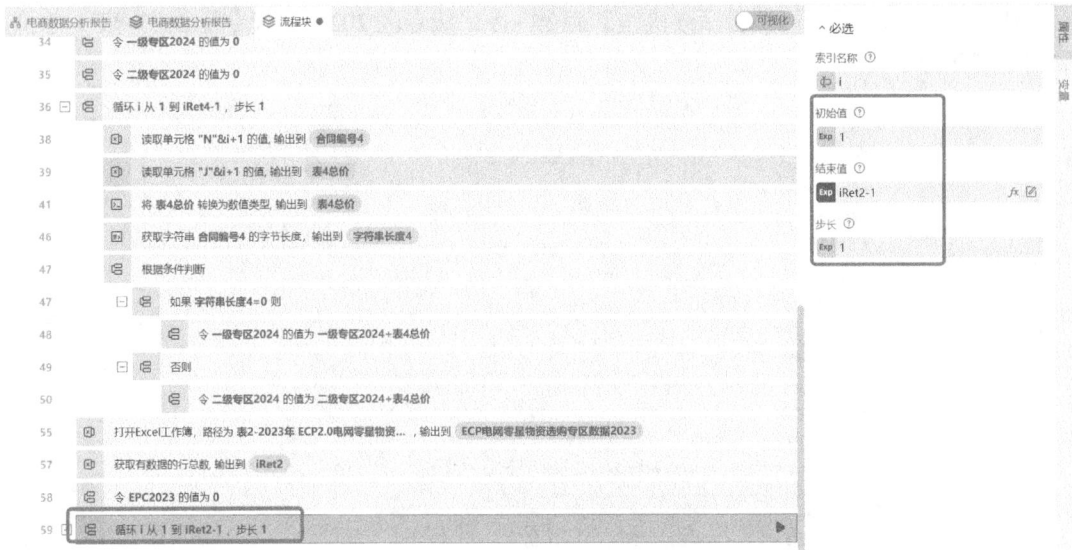

图 6.39　【从初始值开始按步长计数】命令属性设置

步骤17：添加【读取单元格】命令，读取""J"&i+1"，输出到表 2 总价，如图 6.40 所示。

图 6.40 【读取单元格】命令属性设置

步骤18：添加【转为小数数据】命令，将表 2 总价转化为数值类型，输出到表 2 总价。

步骤19：添加【变量赋值】命令，令 EPC2023=EPC2023+表 2 总价，如图 6.41 所示。

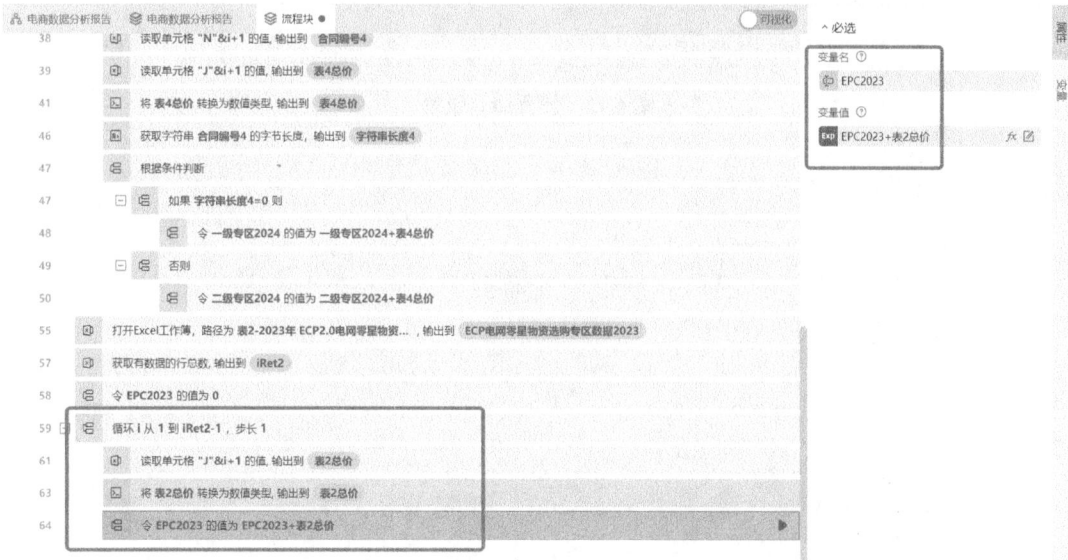

图 6.41 【变量赋值】命令属性设置

步骤20：参考步骤13～步骤19，添加相同命令，仅需修改变量名，得 EPC2024 的值。

步骤21：添加六个【变量赋值命令】，按照报告规则进行计算。

步骤22：添加【打开工作簿】命令，打开"总体采购情况表"。

步骤23：添加十二个【读取单元格】命令，将"一级专区 2023""一级专区 2024""一级专区同比""二级专区 2023""二级专区 2024""二级专区同比""EPC2023""EPC2024"
"EPC 同比""合计 2023""合计 2024""合计同比"分别写入对应单元格,如图 6.42～图 6.45
所示。

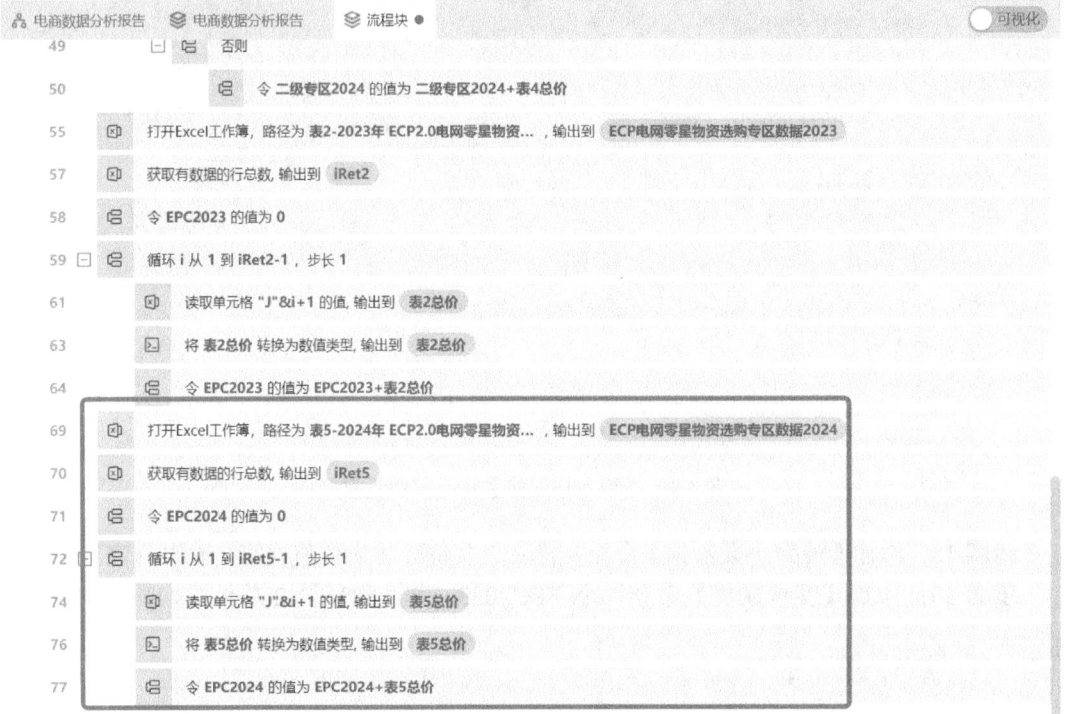

图 6.42　流程命令设置

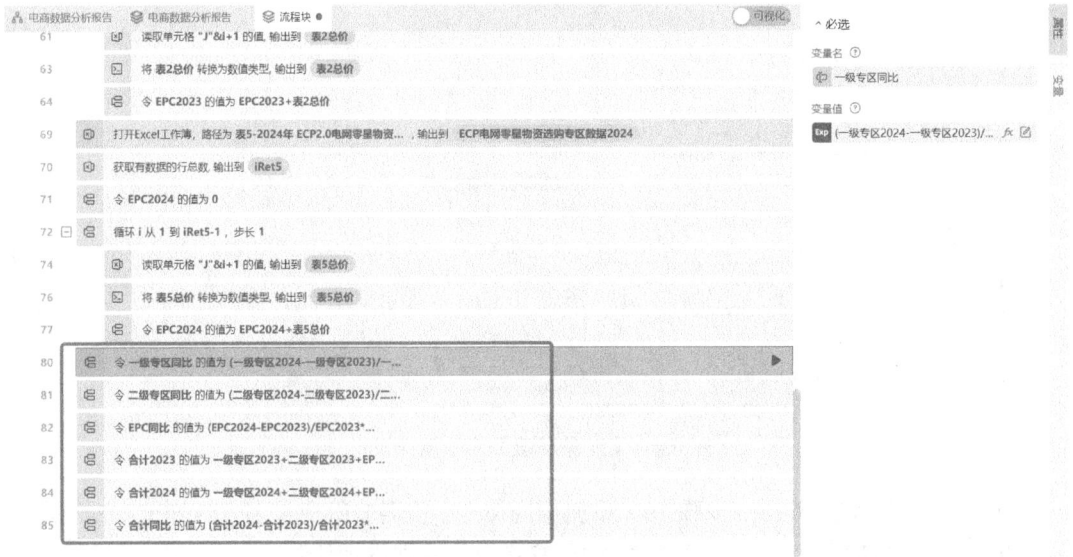

图 6.43　流程命令设置

图 6.44　变量赋值内容

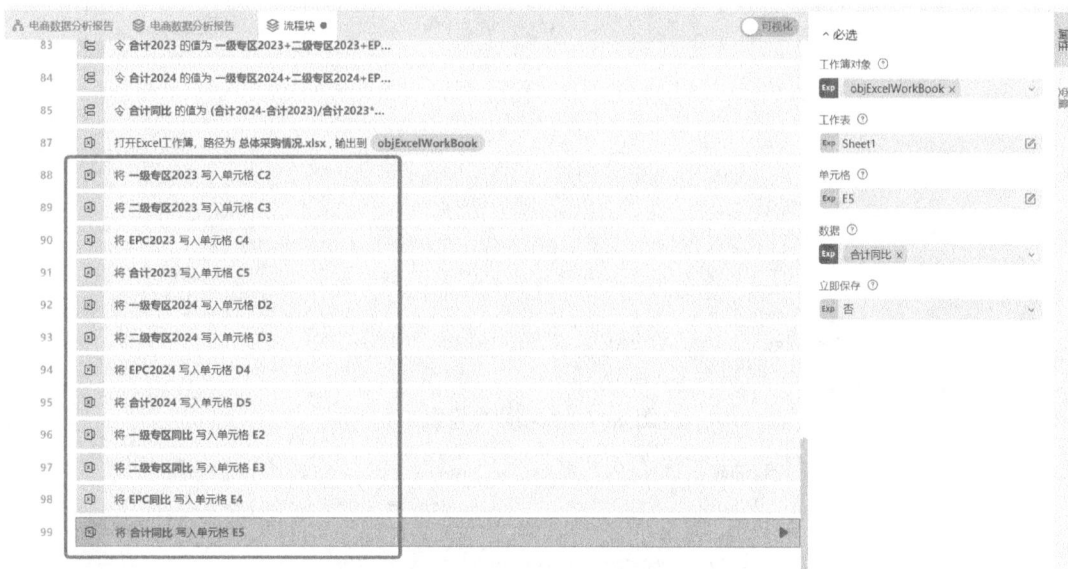

图 6.45　流程命令设置

步骤 24：添加【选中区域】命令，选中"A1:E5"区域。

步骤 25：添加【模拟按键】命令，模拟按键"C"，辅助按键"Ctrl"，如图 6.46 所示。

步骤 26：添加【打开文档】命令，打开"2024 电商数据分析报告"。

步骤 27：添加【写入文字】命令，输入"××供电公司 2024 年电商采购数据基础报告"。

步骤 28：添加【插入回车】命令。

步骤 29：重复添加步骤 27～步骤 28 的命令，按照模板进行文字输入，如图 6.47 和

图 6.48 所示。

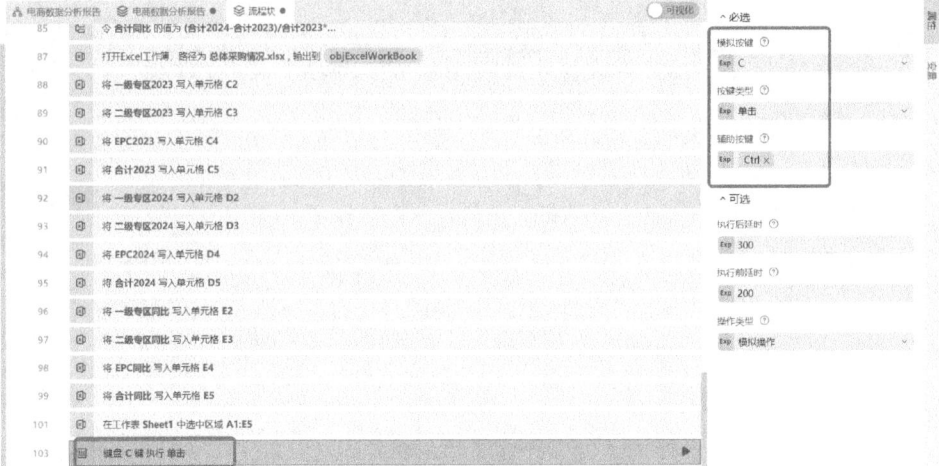

图 6.46 【模拟按键】命令属性设置

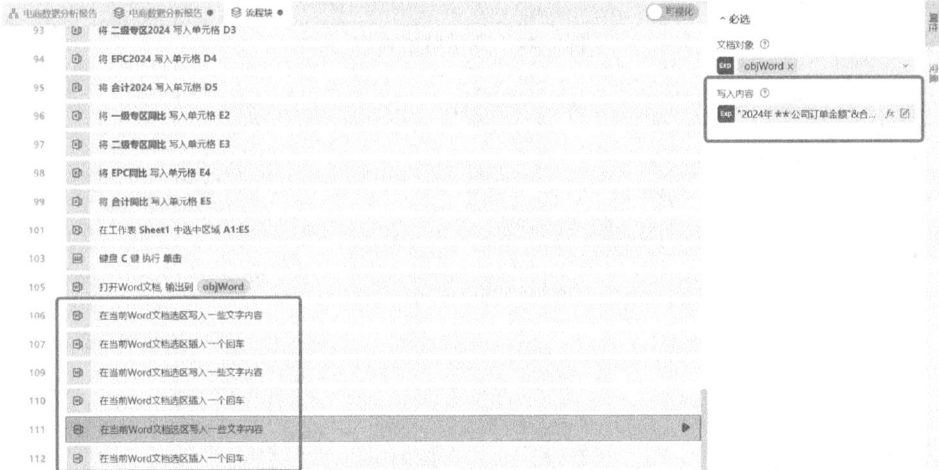

图 6.47 流程命令设置

写入内容 ⓘ

ƒ⊼选择变量 ⌄

"2024年 ** 公司订单金额"&合计2024&"元，同比"&合计同比&"%，
其中一级专区订单金额共"&一级专区2024&"元，同比"&一级专区同
比&"%；二级专区订单金额共"&二级专区2024&"元，同比"&二级专区同
比&"%，EPC2.0订单金额共"&EPC2024&"元，同比"&EPC同比&"%。
各类别采购数据见表1。"

确定　取消

图 6.48　输入的内容

步骤 30：添加【模拟按键】命令，模拟按键"V"，辅助按键"Ctrl"，如图 6.49 所示。

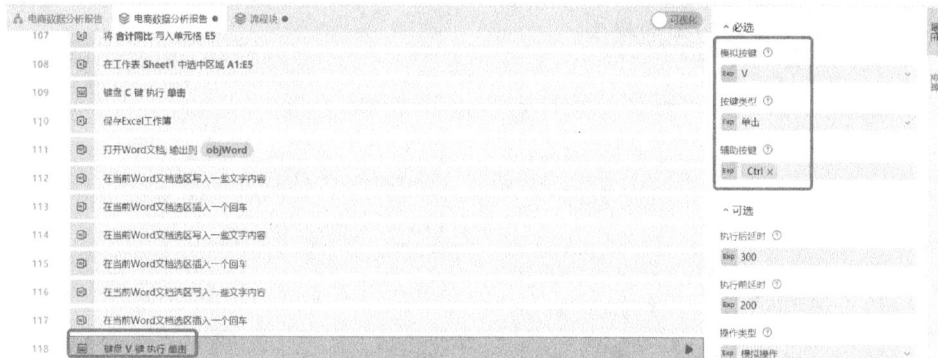

图 6.49　【模拟按键】命令属性设置

步骤 31：添加【选择行】命令，选中 Word 文本第一行，如图 6.50 所示。

步骤 32：添加【设置对齐方式】命令，选择"居中对齐"。

步骤 33：添加【设置文字大小】命令，选择字号，如图 6.51 所示。

图 6.50　【选择行】命令属性设置

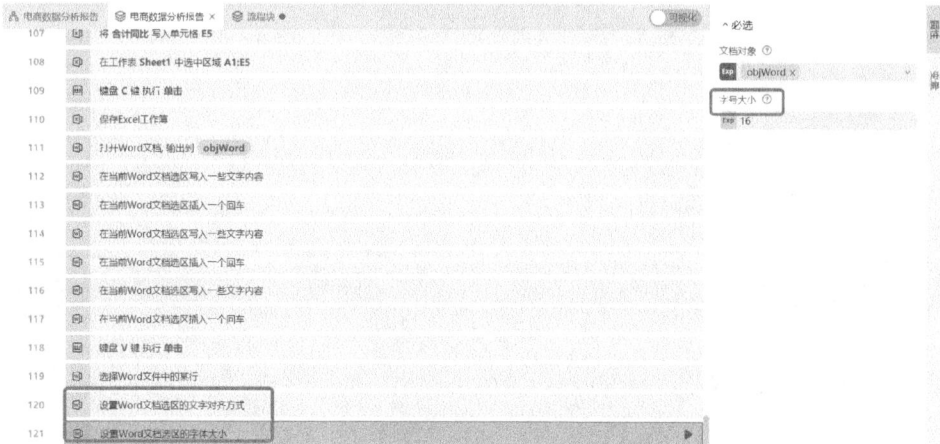

图 6.51　【设置文字大小】命令属性设置

步骤 34：添加【保存文档】命令。

运行该流程，查看流程运行结果，如图 6.52 所示。该流程读取表格并计算，将结果写入 Excel 表格，并依照模板生成报告。

*****供电公司 2024 年电商采购数据基础报告**

一、**★★ 公司总体采购情况**

2024 年 ★★ 公司订单金额 3359387.02 元，同比 122%，其中一级专区订单金额共 22236.08 元，同比-66%；二级专区订单金额共 717695.9 元,同比 680%,EPC2.0 订单金额共 2619455.04 元，同比 93%。各类别采购数据见表 1。

专区	订单类型	2023 年交易金额	2024 年交易金额	同比增长
一级专区	办公用品及非电网零星物资	65105	22236.08	-66%
二级专区	办公用品及非电网零星物资	92039.28	717695.9	680%
EPC2.0	ECP 电网零星物资	1358516	2619455.04	93%
合计		1515660.28	3359387.02	122%

图 6.52 运行结果

请读者根据以上示例，完成电商采购数据基础报告的"各部门采购情况分析"和"供应商份额分析"。

第7章 邮件自动发送

电子邮件是日常办公的常用沟通方式。一般而言，我们可以通过 Web 浏览器访问电子邮箱收发电子邮件，也可以通过 Outlook、IBM Notes 等客户端软件来收发电子邮件。

通过 RPA 技术，可以实现自动化电子邮件分类与过滤、自动化电子邮件回复、自动化附件处理、自动化电子邮件监控和提醒、自动化邮件数据提取等功能，通过 RPA 的电子邮件处理自动化，组织可以实现电子邮件流程的自动化和优化，减少人为错误和减轻员工的重复性工作负担，提高工作效率和响应速度。

UiBot 支持 Web 和客户端两种电子邮件收发方式，并提供了 Outlook、IBM Notes、SMTP/POP、IMAP 四类电子邮件处理自动化命令。SMTP/POP、IMAP 命令使 RPA 机器人可以在网页端直接收发邮件，它们在"网络"目录下；Outlook、IBM Notes 操作自动化命令使 RPA 机器人可以在 Outlook、IBM Notes 客户端收发邮件，它们在命令树的"软件自动化-Outlook""软件自动化-IBMNotes"目录下。本章重点介绍 SMTP/POP/IMAP、Outlook 的操作。

7.1 常用命令：SMTP/POP/IMAP 操作

简单邮件传输协议（Simple Mail Transfer Protocol，SMTP）是一种用于在网络中传输电子邮件的标准协议。SMTP 的工作原理建立在客户端-服务器模型之上，通过 TCP 协议运行，通常在标准端口 25 上进行通信。当用户发送电子邮件时，邮件客户端会连接到发件人的邮件服务器，然后使用 SMTP 将邮件传递到接收方的邮件服务器，最终将邮件投递到接收者的邮箱中。尽管 SMTP 最初设计时未提供加密功能，但现代邮件系统通常会使用加密方式，如 SMTPS 或 STARTTLS，以确保邮件内容在传输过程中的安全性。SMTP 为不同类型的邮件客户端和服务器提供了一种通用的通信标准，使其能够跨不同操作系统和网络环境进行互联。这种通信协议在电子邮件系统中扮演着至关重要的角色，为人们之间的电子沟通提供了基础。除了基本的邮件传输功能外，SMTP 还支持许多扩展协议和技术，如 POP3 和 IMAP 用于接收邮件，SPF 和 DKIM 等技术用于防止垃圾邮件和欺诈行为。通过 SMTP 协议，全球各地的用户能够快速、可靠地发送和接收电子邮件，促进了信息传递和业务沟通的便利性和高效性。SMTP 的普及和使用使电子邮件成为现代通信的重要组成部分。

邮局协议 3（Post Office Protocol version 3，POP3）是一种用于接收电子邮件的标准协议。POP3 允许用户从邮件服务器上下载电子邮件到本地计算机或移动设备上的邮件客户端中。工作流程通常涉及用户登录到邮件服务器，检索新邮件，下载到本地设备后从服务器上删除邮件的过程。POP3 协议的设计旨在简单而有效地管理电子邮件收件箱。POP3 通常会先将邮件从服务器下载到本地设备，然后删除服务器上的邮件，因此邮件只存在于本地设备上。这种工作方式适合那些希望通过单个设备访问邮件的用户，或者希望将邮件保留在本地而非服务器上的用户。虽然 POP3 的工作方式相对简单，但它在特定场景下仍然具有重要意义。例如，对于那些只使用单个设备访问电子邮件或需要限制邮件存储在服务器上的用户而言，POP3 是一种有效的解决方案。另外，在网络连接较弱或不稳定的情况下，将邮件下载到本地设备后再阅读可能更为方便和可靠。POP3 的存在丰富了电子邮件系统的多样性，使用户能够根据自己的偏好和需求进行灵活的邮件管理。

互联网消息访问协议（Internet Message Access Protocol，IMAP）是一种用于接收和管理电子邮件的标准协议。IMAP 允许用户从邮件服务器上查看、组织和管理电子邮件，而不需要将邮件下载到本地设备。相比于 POP3 协议，IMAP 提供了更加灵活和功能丰富的邮件访问方式。通过 IMAP 协议，用户可以在多个设备上同步访问邮件，保持邮件在服务器和各个设备上的一致性。这种特性使得用户能够随时随地通过手机、平板计算机、笔记本计算机等设备访问最新的邮件内容，而不会受限于只能在单一设备上查看邮件。IMAP 还允许用户在邮件服务器上创建文件夹、标记邮件、进行搜索操作等，从而更好地管理和组织自己的电子邮件。IMAP 的工作方式是基于客户端-服务器模型的，用户通过邮件客户端连接到邮件服务器，通过 IMAP 协议进行通信。IMAP 与服务器保持连接，允许用户实时地查看邮件的状态变化，如新邮件的到达或已读状态的更新。IMAP 的这种实时性和灵活性，使其成为那些需要经常在多个设备上访问邮件或希望更加精细地管理邮件的用户的首选协议。虽然 IMAP 在功能上比 POP3 更加强大和灵活，但其使用也需要更多的网络带宽和服务器资源。随着互联网的普及和网络速度的提升，IMAP 协议越来越受到用户的青睐。通过 IMAP，用户能够更加方便、高效地管理自己的电子邮件，使邮件访问变得更加灵活和便捷。

7.1.1　SMTP 邮件发送命令

【SMTP 邮件发送】命令可发送邮件到指定邮箱，发送成功返回 true，失败返回 false。该命令包括 11 个必选属性："SMTP 服务器"指定 SMTP 服务器地址；"服务器端口"指 SMTP 服务器端口，默认为 25，若选择"SSL 加密"为"是"，则端口号可为 465、587；"SSL 加密"指是否使用 SSL 协议加密（一种为保护敏感数据在传输过程中的安全而设置的加密技术），默认为否，当选择"SSL 加密"为否时，端口号可为 25；"登录账号"指邮件发送邮箱账号，一般与发件人邮箱地址一致；"登录密码"为邮箱授权码，切记此处为授权码，而非邮箱在网页端的登录密码；"发件人"指的是发件人的邮箱地址；"收件人"指的是收件人的邮箱地址，若有多个收件地址，可以 ["abc@rpa.com","xyz@rpa.com"] 的数组形式来填写；"抄送"指的是抄送邮箱地址，多个地址可用 ["abc@ui.bot","xyz@ui.bot"] 数组的形式填写 Exp；"邮件标题"即邮件标题；"邮件正文"为邮件正文内容，支持 HTML 格式；"邮件附件"即邮件附件，多个附件可以用 ["附件 1 路径","附件 2 路径"] 的数组形式来填写，若无附件则填写 []，命令属性设置如图 7.1 所示。

【例 7-1】SMTP 邮件发送。

编写一个邮件收发机器人，通过【SMTP 邮件发送】命令发送一封邮件。发送人邮箱地址、收件人邮箱地址自定，邮件标题为"SMTP 第一封邮件"，邮件正文为"通过 SMTP 自动发送邮件"，邮件附件请选择任意一个 Word 文件。

实验准备：在邮箱中开启 SMTP/POP 服务或 SMTP/IMAP 服务，并获得授权码。

^ 必选

SMTP服务器 ⑦

Exp 请输入内容　　　　　　　　　　📝

服务器端口 ⑦

Exp 25

SSL加密 ⑦

Exp 否　　　　　　　　　　　　　⌄

登录帐号 ⑦

Exp 请输入内容　　　　　　　　　　📝

登录密码 ⑦

Exp　　　　　　　　　　　　　　🔒

发件人 ⑦

Exp 请输入内容　　　　　　　　　　📝

收件人 ⑦

Exp 请输入内容　　　　　　　　　　📝

抄送 ⑦

Exp 请输入内容　　　　　　　　　　📝

邮件标题 ⑦

Exp 请输入内容　　　　　　　　　　📝

邮件正文 ⑦

Exp 请输入内容　　　　　　　　　　📝

邮件附件 ⑦

Exp C:\Users　　　　　　　　　　📁

图 7.1 【SMTP 邮件发送】命令属性设置

　　步骤 1：新建一个流程，命名为"SMTP/POP 邮件处理命令"。在流程图界面中，绘制流程图。

　　步骤 2：添加【SMTP 邮件发送】命令，设置服务器端口为 25，"SSL 加密"为"否"，"登录账号"为自己的邮箱账号，"登录密码"为授权码，"发件人"为自己的邮箱地址，"收件人"为预设的收件人邮箱地址，"邮箱标题"为"SMTP 第一封邮件"，"邮件正文"为"通过 SMTP 自动发送邮件"，"邮件附件"选择一个 Word 文档，命令属性设置如图 7.2 所示。

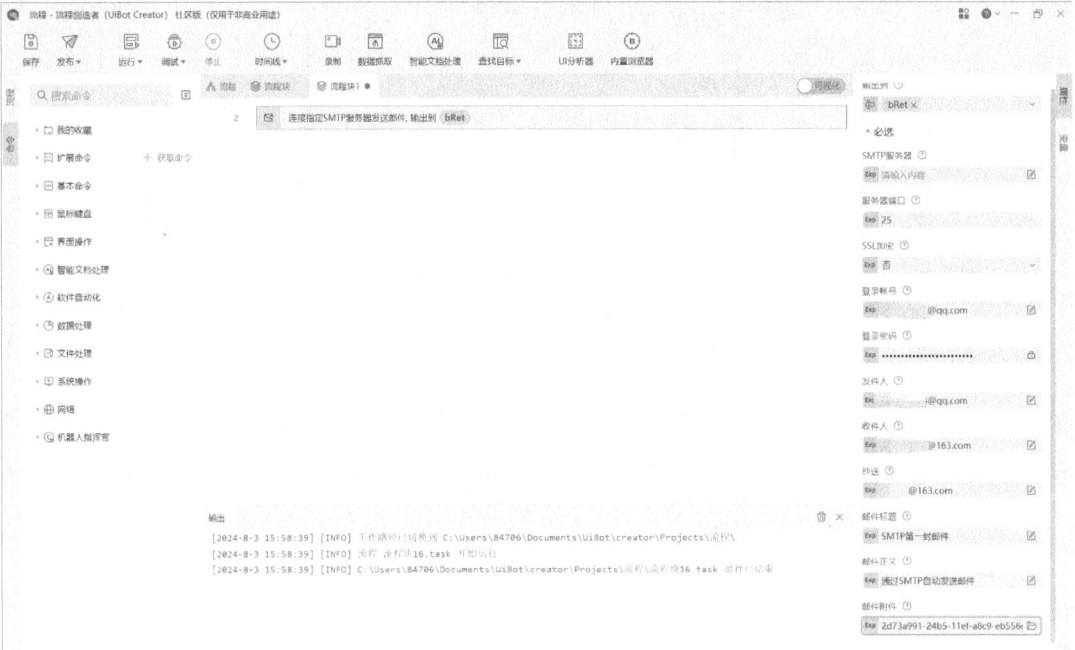

图 7.2 【SMTP 邮件发送】命令设置

7.1.2 POP 邮件发送命令

1. 连接邮箱

【连接邮箱】命令使用 POP 协议连接指定邮箱，命令返回一个邮箱对象，后续【获取邮件列表】【删除邮件】【下载附件】等命令，都要使用这个邮箱对象。该命令有如下几个属性："服务器地址"属性指定邮箱的 POP 服务器地址；"服务器端口"属性指定 POP 协议端口号，默认为 110，当选择"SSL 加密"为"是"时，端口号为 995；"SSL 加密"属性指是否使用 SSL 协议加密；"登录账号"属性填写需要收取邮件的邮箱账号；"登录密码"属性填写邮箱的授权码；"使用协议"属性默认填写"POP3"，命令属性设置如图 7.3 所示。

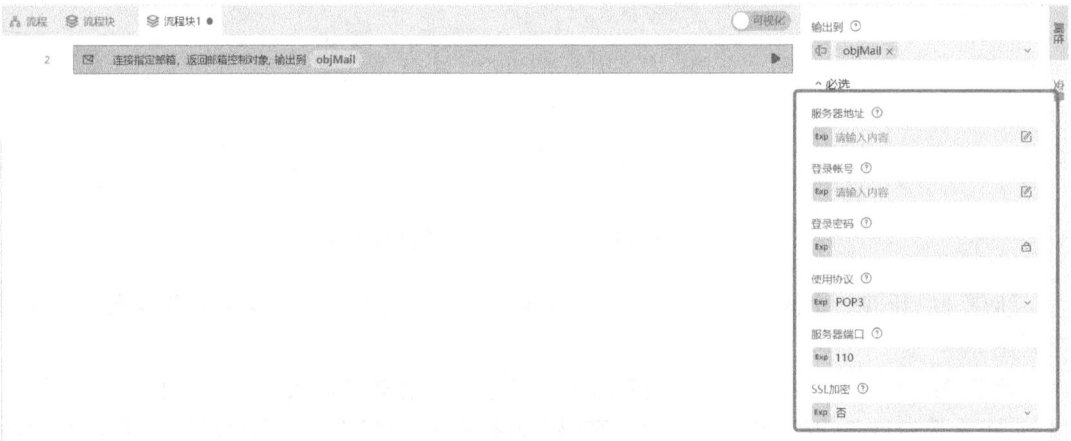

图 7.3 【连接邮箱】命令属性设置

2. 获取邮件列表

【获取邮件列表】命令从指定邮箱对象获取收件箱中的邮件列表，命令返回一个数组，数组中的每一项都是邮件对象。命令有 2 个必选属性："邮箱对象"属性选择【连接邮箱】命令返回的邮箱对象；"邮件数量"属性指定返回的邮件数，设置"0"表示获取收件箱中所有邮件，命令属性如图 7.4 所示。

3. 获取邮件信息

UiBot6.0 提供了一系列帮助用户获取邮件信息的命令，包括【获取邮件标题】【获取邮件正文】【获取邮件发送人】【获取邮件地址】【获取邮件时间】，这些命令分别获取邮件的标题、正文、发送人、邮件地址、邮件发送时间，返回一个字符串。命令都含有"操作对象""邮件序号"两个必选属性。"操作对象"指【连接邮箱】命令返回的邮箱对象，"邮件序号"指收取的邮件序号。除这两个属性外，【获取邮件时间】命令还有一个必选属性为"时间格式文本"。

图 7.4　【获取邮件列表】命令属性

4. 下载附件

【下载附件】命令下载邮件附件，并返回邮件附件存放的地址数组。该命令有 3 个必选属性："邮箱对象"属性指定【连接邮箱】命令返回的邮箱对象；"邮件对象"属性指定【获取邮件列表】命令返回的邮件对象；"路径"属性指定附件下载后保存的路径，命令属性如图 7.5 所示。

5. 删除邮件与断开邮箱连接

【删除邮件】命令删除指定邮件对象的对应邮件，在使用该命令删除邮件后，必须调用【断开邮箱连接】命令，才能真正删除成功。如果邮件服务器设置了"禁止收信软件删除邮件"，则依然无法删除。该命令有两个必选属性，"邮箱对象"指定【连接邮箱】命令返回的邮箱对象；"邮件对象"指定【获取邮件列表】命令返回的邮件对象数组中的某一个元素，即某一封邮件。【断开邮箱连接】命令断开邮箱连接，该命令仅有一个属性，即"邮箱对象"，指定需要断开的邮箱连接对象，命令属性如图 7.6 所示。

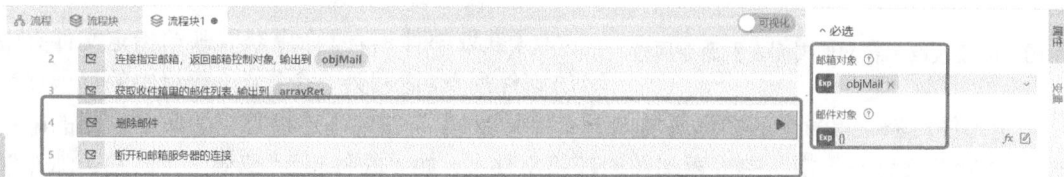

图 7.5　【下载附件】命令属性

图 7.6　【删除邮件】与【断开邮箱连接】命令属性

7.1.3　IMAP 邮件处理命令

1. 连接邮箱

【连接邮箱】命令使用 IMAP 协议连接指定邮箱，命令返回一个邮箱对象，后续的其他操作包括：【获取邮箱文件夹列表】【获取邮件列表】【移动邮件】、【查找邮件】【删除邮件】【下载附件】等命令，都要使用这个邮箱对象。该命令有如下必选属性："服务器地址"属性指定邮箱的 IMAP 服务器地址；"服务器端口"属性指定 IMPA 协议端口号，默认为 143，当选择"SSL 加密"为"是"时，端口号可为 993；"SSL 加密"属性指是否使用 SSL 协议加密；"登录帐号"属性填写需要收取邮件的邮箱账号；"登录密码"属性填写邮箱的授权码；"邮箱地址"属性填写全部的邮箱地址，命令属性设置如图 7.7 所示。

图 7.7　【连接邮箱】命令属性设置

图 7.8　【获取邮箱文件夹列表】命令属性

2. 获取邮箱文件夹列表

【获取邮箱文件夹列表】命令根据指定的 IMAP 连接，获取邮箱中的系统文件夹和我的文件夹列表。该命令有两个必选属性："邮箱对象"指定【连接邮箱】命令返回的邮箱对象；"原始报文"指是否返回原始报文，因不同的邮箱服务器返回的原始报文存在差异，选择"是"则直接返回原始报文，选择"否"则返回基于一定的提取规则进行提取后的邮箱文件夹信息，命令属性如图 7.8 所示。

3. 获取邮件列表

【获取邮件列表】命令获取邮箱指定文件夹中的邮件列表，返回为一个数组，数组中的每一项都是一个邮件对象。该命令的必选属性如下："邮箱对象"指向【连接邮箱】命令返回的邮箱对象。"邮箱文件夹"指从中检索邮件的邮箱文件夹，如"收件箱""草稿""已发送邮件"等。"邮件数量"指从列表顶部开始获取的邮件数量，设置 0 为获取邮箱文件夹中的所有邮件。"仅限未读消息"默认为"是"，只检索未读邮件，否则读取所有邮件。"标记为已读"

指是否将已检索的邮件标记为已读，默认为"否"。当邮件对象的附件名称等出现中文乱码时，需要设置"字符集"属性为"gb2312"，以确保对附件名称用正确的字符集进行解码，否则保持默认值为空字符串即可，命令属性如图 7.9 所示。

输出到 ⑦

卬 arrayRet ×

∧ 必选

邮箱对象 ⑦

Exp objIMAP ×

邮箱文件夹 ⑦

Exp 收件箱

邮件数量 ⑦

Exp 30

仅限未读消息 ⑦

Exp 是

标记为已读 ⑦

Exp 否

字符集 ⑦

Exp 请输入内容

图 7.9 【获取邮件列表】命令属性

4. 移动邮件

【移动邮件】命令将指定的邮件移动至指定的邮箱文件夹，移动成功返回 true，移动失败返回 false。"邮箱对象"指向【连接邮箱】命令返回的邮箱对象；"目标邮箱文件夹"指向邮件对象将被移至的邮箱文件夹；"邮件对象"指向待移动的邮件对象，命令属性如图 7.10 所示。

5. 查找邮件

【查找邮件】命令查找邮件主题中包含指定关键字的邮件，返回一个邮件对象数组。"邮件对象"指向【连接邮箱】命令返回的邮箱对象；"字符集"设置字符集，默认为"gb2312"；"邮箱文件夹"设置被检索的邮箱文件夹；"查找关键字"设置检索关键字，命令属性如图 7.11 所示。

输出到 ⑦

卬 bRet ×

∧ 必选

邮箱对象 ⑦

Exp objIMAP ×

目标邮箱文件夹 ⑦

Exp 请输入内容

邮件对象 ⑦

Exp objMail ×

图 7.10 【移动邮件】命令属性

6. 下载附件

【下载附件】命令下载邮件附件,并返回邮件附件存放的地址数组。该命令有 4 个必选属性:"邮箱对象"属性指定【连接邮箱】命令返回的邮箱对象;"邮件对象"属性指定【获取邮件列表】命令返回的邮件对象;"存储路径"属性指定附件下载后保存的路径。当附件名称出现中文乱码时,需要设置正确的字符集进行解码,如设为"gb2312",且需和【获取邮件列表】命令中的字符集一致,否则保持默认值为空字符串即可,命令属性如图 7.12 所示。

图 7.11 【查找邮件】命令属性　　　　　　图 7.12 【下载附件】命令属性

7. 删除邮件与断开邮箱连接

【删除邮件】命令删除指定邮件对象的对应邮件,该命令有两个必选属性:"邮箱对象"指定【连接邮箱】命令返回的邮箱对象;"邮件对象"指定【获取邮件列表】命令返回的邮件对象数组中的某一个元素,即某一封邮件。【断开邮箱连接】命令用于断开邮箱连接,该命令仅有一个属性,即"邮箱对象",指定需要断开的邮箱连接对象。对于 IMAP 协议,【删除邮件】命令可以直接删除邮件,无须执行【断开邮箱连接】命令。

【例 7-2】IMAP 邮件查找与移动。

请编写一个 IMAP 邮件接收机器人,通过 IMAP 协议连接指定邮箱,查询收件箱中邮件主题包含"SMTP"的邮件,并将其移动到邮箱的"SMTP 邮件"文件夹下。

实验准备:请在邮箱中设置一个自定义的文件夹"SMTP 邮件"。给指定邮箱发送两封主题包含"SMTP"的邮件。

步骤 1:新建一个流程,命名为"SMTPIMAP 邮件处理命令"。在流程图界面中,绘制流程图。

步骤 2:添加【连接邮箱】命令,在属性中设置 IMAP 服务器地址、登录账号、登录密码、服务器端口、SSL 加密、邮箱地址等,命令属性设置如图 7.13 所示。

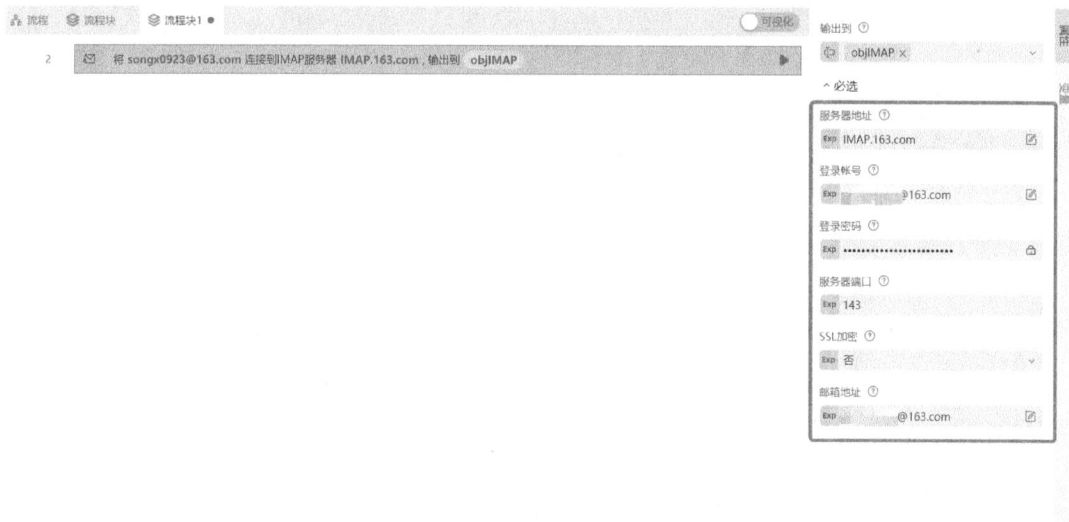

图 7.13　【连接邮箱】命令属性设置

步骤 3：添加【获取邮箱文件夹列表】命令，设置邮箱对象，获取指定邮箱的文件夹列表，添加后如图 7.14 所示。

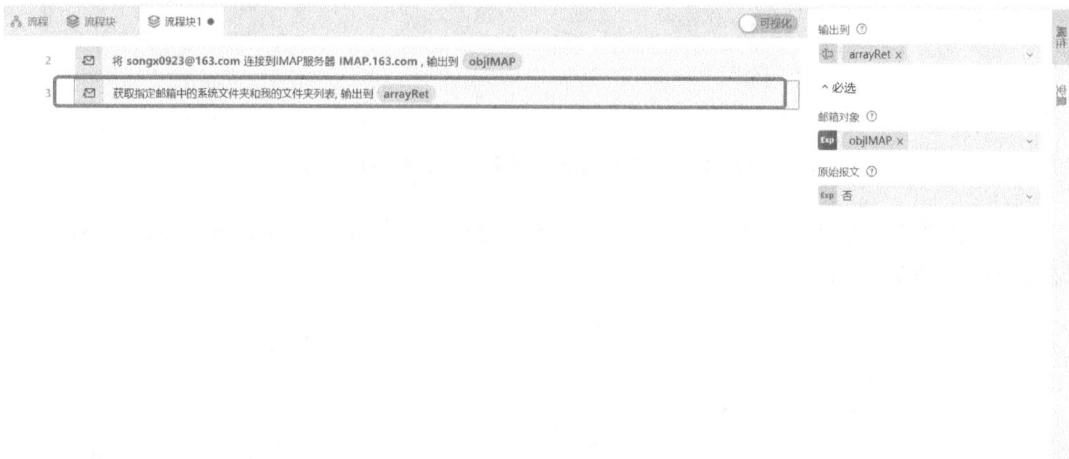

图 7.14　【获取邮箱文件夹列表】命令属性设置

步骤 4：添加【输出调试信息】命令，输出指定邮箱的文件夹列表。运行流程块，根据运行结果可见，163 邮箱中收件箱的名称为"INBOX"。不同邮箱的收件箱名称可能不同，需查看自己的收件邮箱的"收件箱"名称。

步骤 5：添加【查找邮件】命令，设置"邮箱文件夹"为"INBOX"（根据自己邮箱的名称进行设置），"查找关键字"为"SMTP"，"输出到"为"SMTP 邮件"数组，如图 7.15 所示。

步骤 6：添加【依次读取数组中每个元素】命令，设置"数组"为"SMTP 邮件"数组，对【查找邮件】命令查找的主题中包含"SMTP"的邮件依次进行操作，如图 7.16 所示。

步骤 7：添加【移动邮件】命令，设置"目标邮箱文件夹"为"SMTP 邮件"，"邮件对象"为"value"。

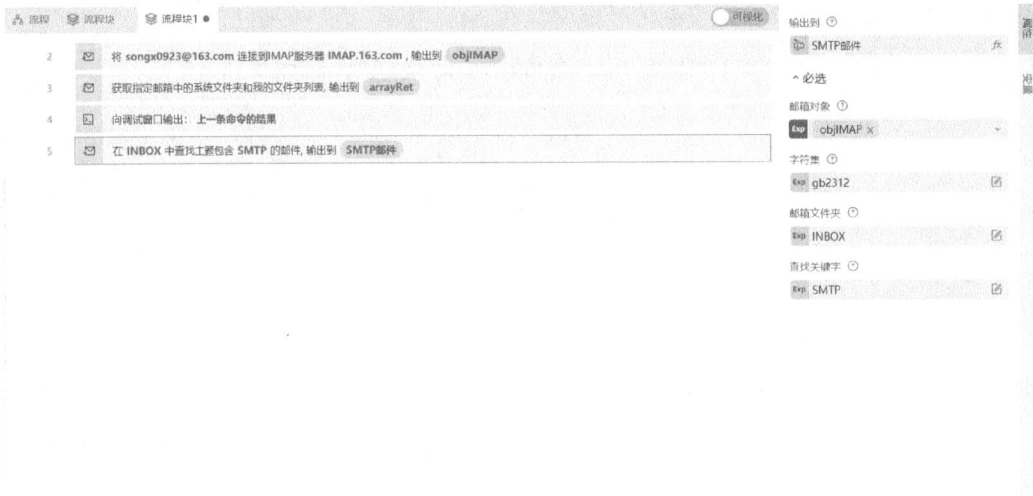

图 7.15　【查找邮件】命令属性设置

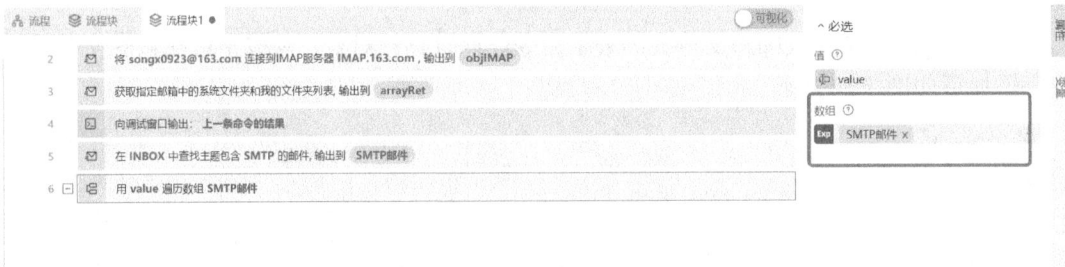

图 7.16　【依次读取数值中每个元素】命令属性设置

运行流程块，查看运行结果，主题中包含"SMTP"的邮件已移动到"SMTP 邮件"文件夹下，如图 7.17 所示。

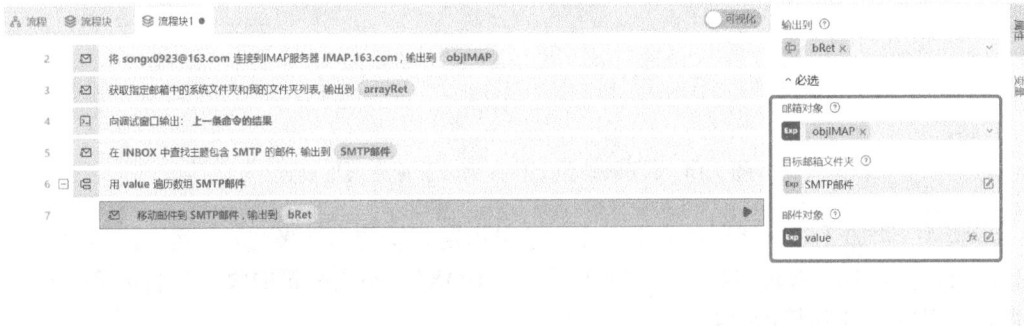

图 7.17　【移动邮件】命令属性设置

7.2　常用命令：Outlook 邮件处理

7.2.1　发送邮件

【发送邮件】命令将邮件发送到指定邮箱，发送成功返回 true，失败返回 false。该命令包括 8 个必选属性："发件人邮箱"为发件人的邮箱地址,必须与 Outlook 绑定的邮箱相同;"收件邮箱"为目标邮箱地址;"邮件标题""邮件正文"分别对应邮件的标题与正文内容;"邮件格式"指邮件正文的格式,包括 text 格式与 html 格式;"邮件附件"即邮件附件,可以是一个包含多个附件路径的数组,也可以是一个附件路径字符串;"抄送邮箱""密件抄送邮箱"分别对应抄送邮箱和密件抄送邮箱,可以是一个包含多个邮箱地址的数组,也可以是一个单独的邮箱字符串,命令属性如图 7.18 所示。

7.2.2　邮件接收与整理

1. 获取邮件列表

【获取邮件列表】命令获取指定邮箱中的邮件列表,以数组的形式返回。该命令有 6 个必选属性(见图 7.19):"邮箱地址"指所要获取邮件的邮箱地址,必须和 Outlook 绑定的邮箱相同;"邮箱文件夹"指需要获取的邮箱文件夹,如"收件箱""草稿""已发送邮件"等文件夹;"筛选条件"可从邮件的标题、内容、发送人、收件人、抄送人、密件抄送人中筛选符合条件的邮件,筛选条件可区分大小写;"未读邮件"表示是否只获取未读邮件;"标记为已读"表示是否将获取的未读邮件标记为"已读";"邮件数量"表示获取的邮件数量,0 为全部获取。

图 7.18　【发送邮件】命令属性设置 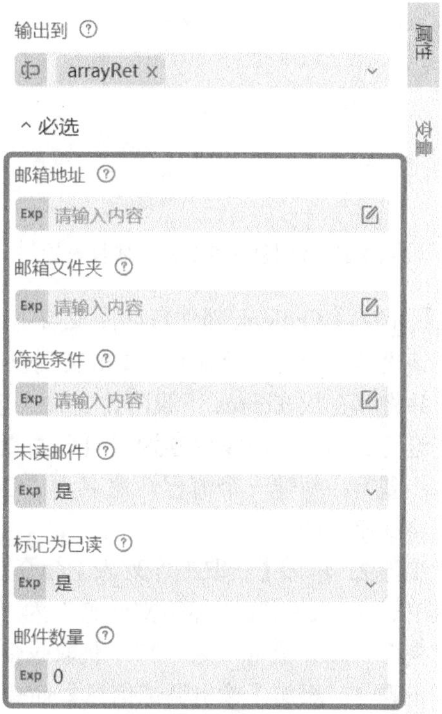　　　　图 7.19　【获取邮件列表】命令属性设置

2. 回复邮件

【回复邮件】命令用于自动回复邮件，成功返回 true，失败返回 false。该命令需与【获取邮件列表】命令同时使用。该命令有 4 个必选属性（见图 7.20），"邮件对象"为【获取邮件列表】命令返回的邮件列表中的每一个邮件对象；"回复内容"为邮件回复的内容；"邮件附件"为自动回复时的邮件附件，可以是一个包含多个附件路径的数组，也可以是一个附件路径字符串；"包含抄送对象"是指回复是否包含抄送对象。

3. 下载附件

【下载附件】命令下载指定邮件消息中的附件，命令运行结果是一个数组，存放下载附件的存放地址。该命令也需与【获取邮件列表】命令同时使用，"邮件对象"表示【获取邮件列表】命令返回的邮件列表中的每一个邮件对象；"保存路径"指下载附件保存的路径，命令属性如图 7.21 所示。

图 7.20　【回复邮件】命令属性设置　　　　图 7.21　【下载附件】命令属性设置

【例 7-3】Outlook 邮件自动回复与附件下载。

请设计一个自动化流程，要求实现以下功能：设置自动下载收件箱中最新两封邮件的附件，并将其存放在 @res 下载附件文件夹下，每一封邮件的附件用不同的文件夹存放，自动回复这两封邮件，回复内容为"自动回复，邮件已收到，谢谢！"。

步骤 1：新建一个流程，命名为"Outlook 邮件自动回复与附件下载"。在流程图界面中，绘制流程图。

步骤 2：添加【获取邮件列表】命令，命令属性设置如图 7.22 所示，设置"邮箱地址"为"RPA@163.com"，"邮箱文件夹"为"收件箱"，"未读邮件"为"否"，"标记为已读"为"是"，"邮件数量"为"2"，获取收件箱中最新的两封邮件。

步骤 3：添加【输出调试信息】命令，设置"输出内容"为"上一条命令的结果"，向调试窗口输出【获取邮件列表】命令返回的邮件对象数组。

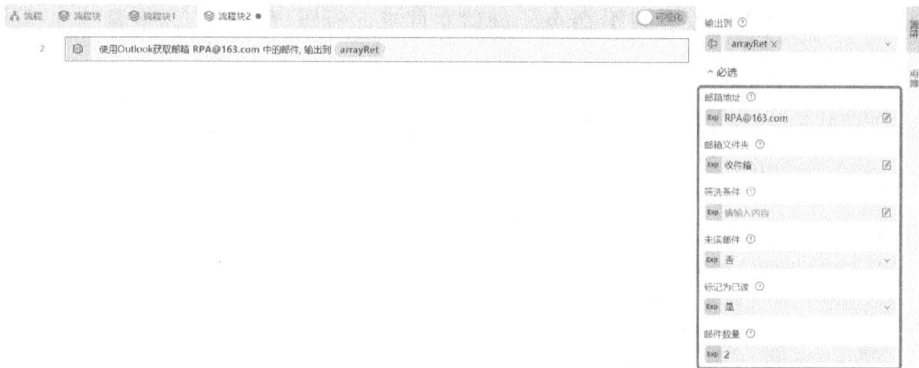

图 7.22　【获取邮件列表】命令属性设置

步骤 4：添加【依次读取数组中每个元素】命令，设置数组属性为"arrayRet"，即【获取邮件列表】命令返回的邮件对象数组，数组的每一个元素为一个邮件对象，为"value"，如图 7.23 所示。

步骤 5：为了确保保存每封邮件附件的文件夹名称具有唯一性，用时间戳作为文件夹名称。添加【获取时间】和【时间转换为 Unix 时间戳】命令，获取当前时间，并将时间转换为 Unix 时间戳，如图 7.24 所示。

图 7.23　【依次读取数组中每个元素】命令属性设置

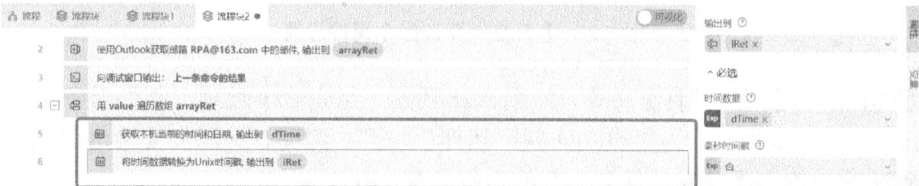

图 7.24　【获取时间】和【时间转换为 Unix 时间戳】命令属性设置

步骤 6：利用变量"文件夹名"保存附件存放文件夹的路径。添加【变量赋值】命令，设置"变量名""文件夹名"的值为"@res"下载附件"&"\\"&iRet"，如图 7.25 所示。

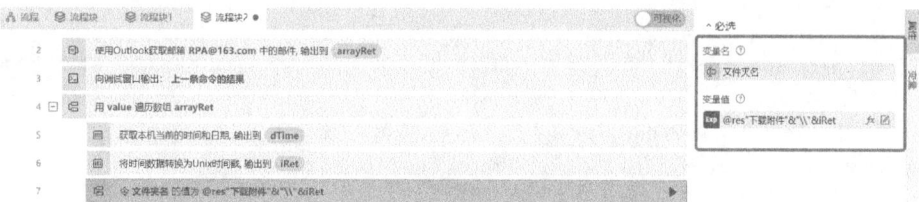

图 7.25　【变量赋值】命令属性设置

步骤 7：添加【创建文件夹】命令，创建文件夹，设置"路径"为变量"文件夹名"，如图 7.26 所示。

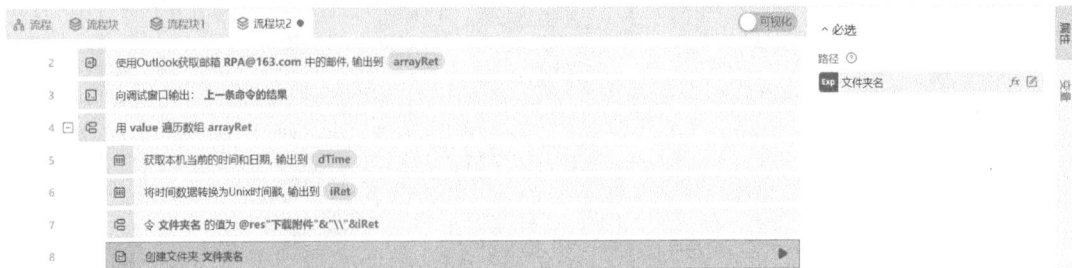

图 7.26　【创建文件夹】命令属性设置

步骤 8：添加【下载附件】命令，如图 7.27 所示，点亮 Exp 设置"邮件对象"为邮件对象"value"，"保存路径"为变量"文件夹名"。该命令将邮件对象 value 的附件下载后，存放在"文件夹名"目录下，并将命令运行结果输出到 arrRet 数组中。

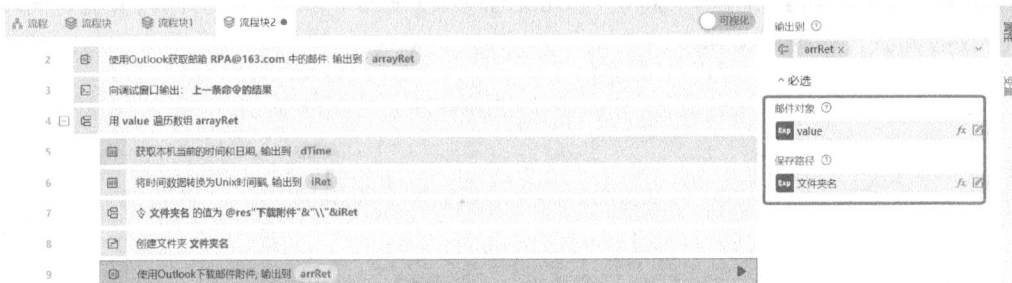

图 7.27　【下载附件】命令属性设置

步骤 9：添加【回复邮件】命令，如图 7.28 所示，点亮 Exp 设置"邮件对象"为邮件对象"value"，"回复内容"为"自动回复：邮件已收到，谢谢！"。添加【输出调试信息】命令，向调试窗口输出【回复邮件】命令的运行结果 bRet。

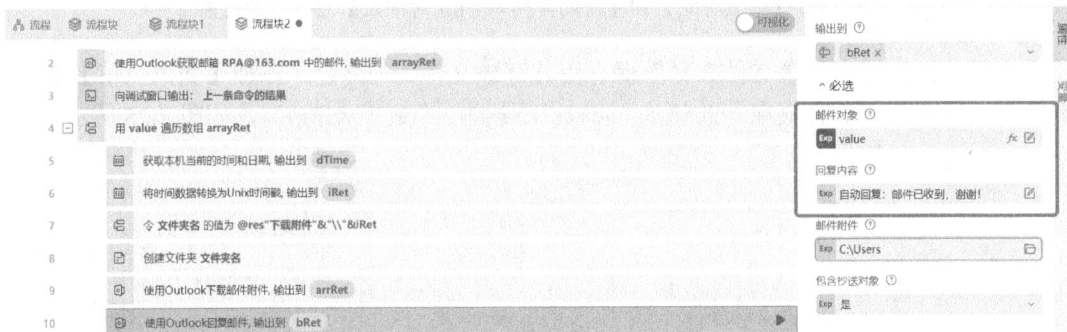

图 7.28　【回复邮件】命令属性设置

　　运行两次"Outlook 邮件发送"流程块，发送两封邮件。运行"Outlook 邮件自动回复与附件下载"流程块，自动下载两封邮件的附件，存放在指定文件夹中，并自动回复这两封邮件。

　　4. 移动邮件

　　【移动邮件】命令将指定的邮件移动到指定文件夹，移动成功返回 true，失败返回 false。该命令有 3 个必选属性（见图 7.29），"邮箱地址"指定需要移动邮件的所属邮箱地址，必须和 Outlook 绑定的邮箱相同；"文件夹"指定邮件移动的目标文件夹，如"收件箱""草稿箱""已发送"等；"邮件对象"指邮件列表中的邮件对象，所以该命令也需与【获取邮件列表】命令同时使用。

　　5. 删除邮件

　　【删除邮件】命令删除指定的邮件对象。该命令只有一个属性，即"邮件对象"。

图 7.29　【移动邮件】命令属性设置

第8章 综合案例：积压物资清单

8.1 需求分析

小李是电力公司的一名员工，现需要将若干家单位依次循环导出当月最后一天的积压物资数量清单，根据积压物资的物料编码导出积压库存清单，并计算出每条积压物资记录的单价，按照积压物资单价和积压物资数量计算出积压总金额，写入《积压物资清单》，并反馈流程执行结果给业务专职。

由于该过程较为烦琐且需要重复进行，人工操作容易出错且会造成人工资源浪费，所以小李希望设计一款 RPA 机器人来进行积压物资金额的计算以及汇总，并将汇总的结果通过邮件发送给业务专职。

8.2 自动化流程设计

RPA 设计师在收到小李提出的需求后，对其业务流程进行分析，设计出的 RPA 流程具体如图 8.1 所示。

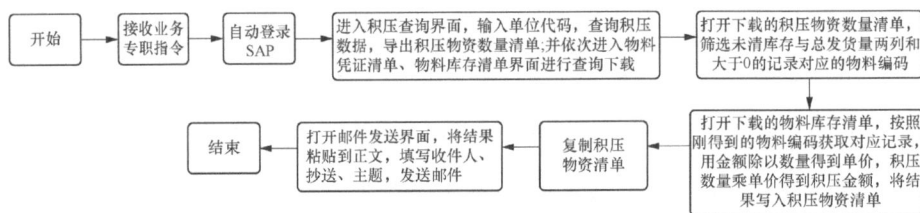

图 8.1 RPA 流程

8.3 开发步骤

步骤 1：新建空白流程，在流程图界面中绘制流程块。

步骤 2：添加【启动新的浏览器】命令，浏览器选择"Google"，并在"打开链接"处输入需要打开的网址，如图 8.2 所示。

图 8.2 【启动新的浏览器】命令属性设置

步骤 3：添加【在目标中输入】命令，分别输入登录账号和密码，并点击"登录"按钮，如图 8.3 所示。

步骤 4：添加【点击目标】命令，选择"积压库存"，如图 8.4 所示。

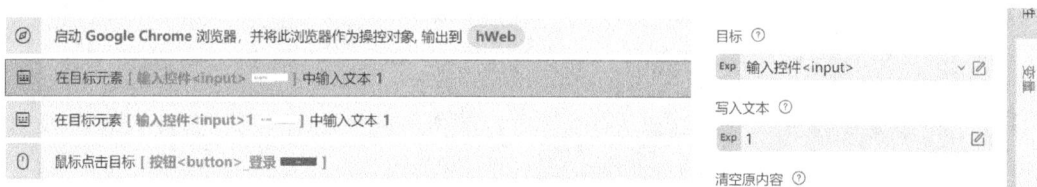

图 8.3　添加【在目标中输入】命令

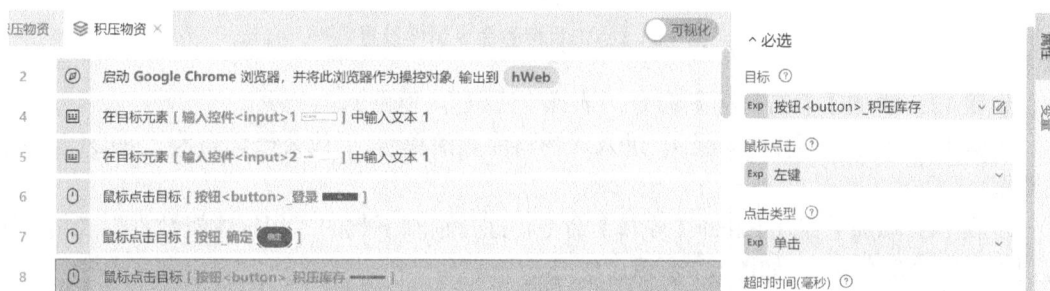

图 8.4　【点击目标】命令属性设置

步骤 5：添加【点击目标】命令，选择"积压物资查询"。

步骤 6：添加【在目标中输入】命令，设置"目标"为公司代码，"写入文本"为"SHD1"，如图 8.5 所示。

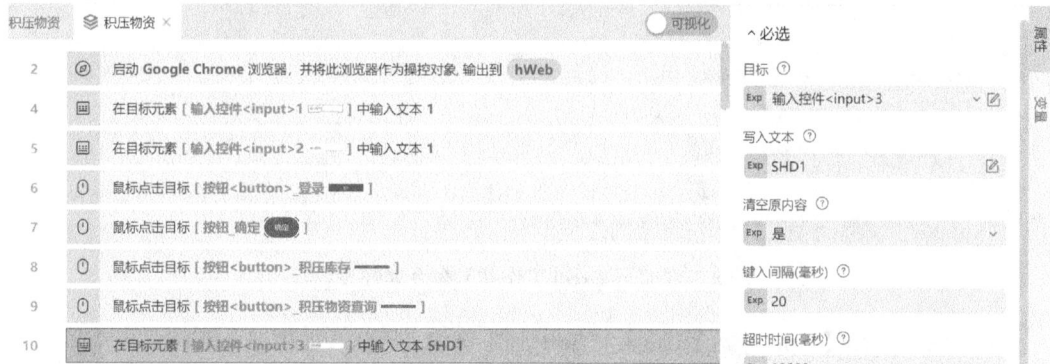

图 8.5　【在目标中输入】命令属性设置

步骤 7：添加【在目标中输入】命令，设置"目标"为"工厂代码"，"输入文本"为"1"。

步骤 8：添加【点击目标】命令，选择"查询"，如图 8.6 所示。

步骤 9：添加【点击目标】命令，选择"下载"。

步骤 10：添加【点击目标】命令，选择"后退"，返回到上一页。

步骤 11：参考步骤 4～步骤 9，进入"物料凭证清单"，下载公司代码为"SHD1"的相关数据。

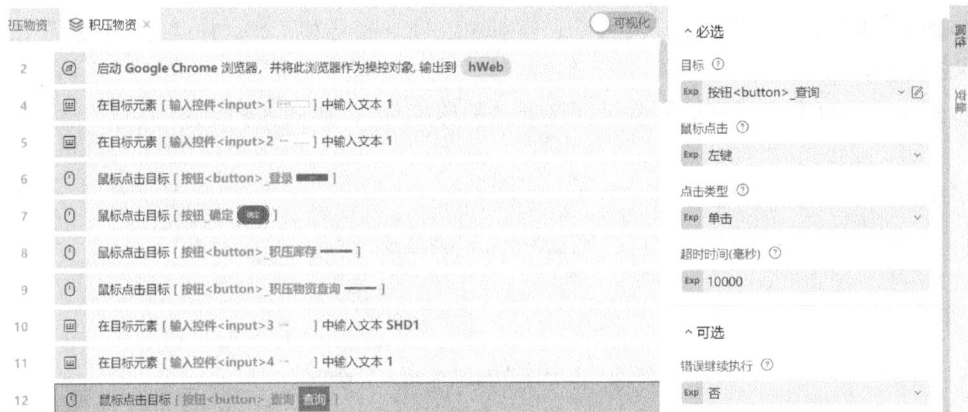

图 8.6 【点击目标】命令属性设置

步骤 12：添加【点击目标】命令，选择"后退"，返回到上一页。

步骤 13：参考步骤 4～步骤 9，进入"物料库存清单"，下载公司代码为"SHD1"的相关数据。

步骤 14：添加【打开 Excel 工作簿】命令，打开刚刚下载的"积压物资数据"表格，输出到"积压物资数据"，如图 8.7 所示。

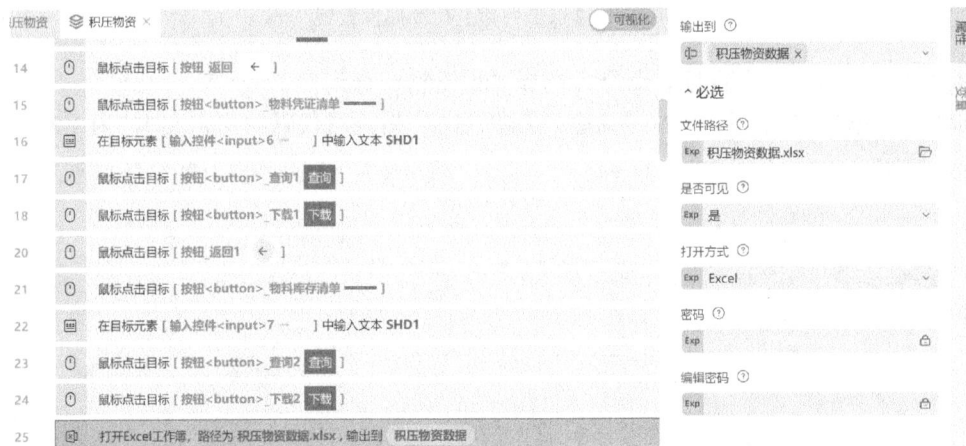

图 8.7 【打开 Excel 工作簿】命令属性设置

步骤 15：添加【获取行数】命令，"输出到"为"行数"，如图 8.8 所示。

步骤 16：添加【从初始值开始按步长计数】命令，"初始值"为 2，"结束值"为"行数"，"步长"为"1"，如图 8.9 所示。

步骤 17：添加【读取单元格】命令，单元格为""E"&i"，输出到"未清库存"。

步骤 18：添加【读取单元格】命令，单元格为""G"&i"，输出到"总发货数量"，如图 8.10 所示。

步骤 19：添加两个【转为小数数据】命令，将"未清库存"和"总发货数量"分别输出到"未清库存"和"总发货数量"，如图 8.11 所示。

步骤 20：添加【如果条件成立】命令，判断表达式为：未清库存+总发货数量＞0，如

图 8.12 所示。

图 8.8 【获取行数】命令属性设置

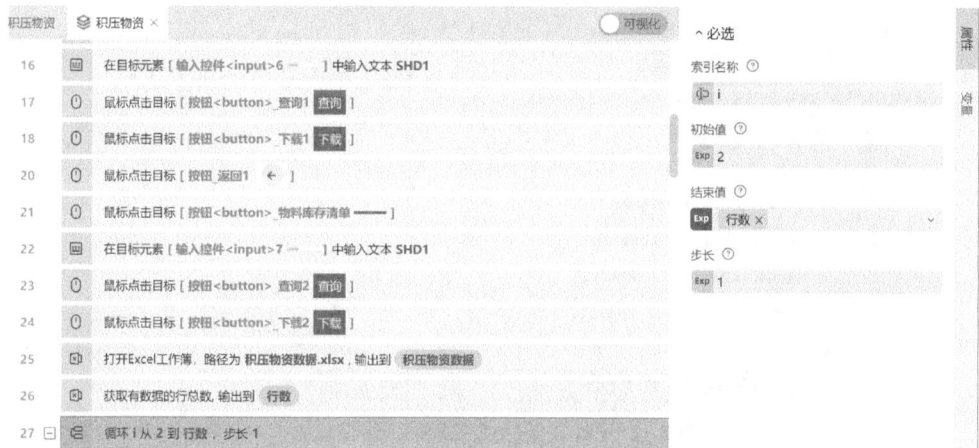

图 8.9 【从初始值开始按步长计数】命令属性设置

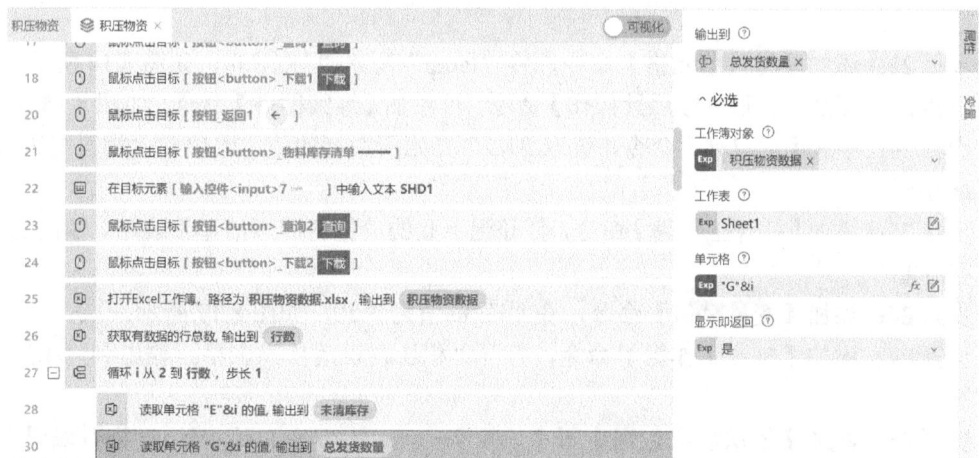

图 8.10 【读取单元格】命令属性设置

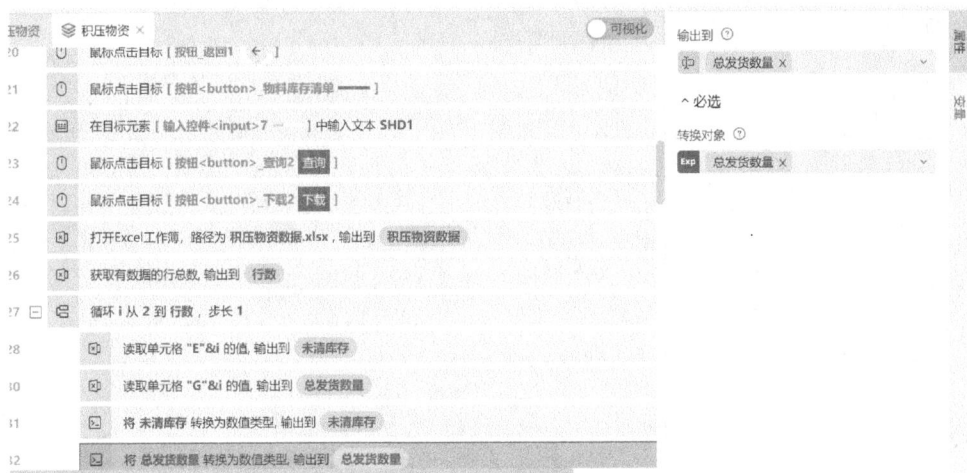

图 8.11　【转为小数数据】命令属性设置

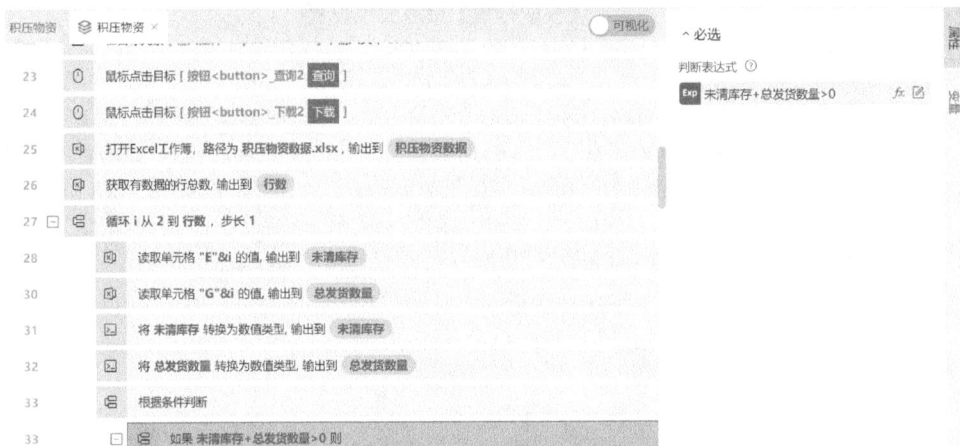

图 8.12　【如果条件成立】命令属性设置

步骤 21：添加【读取单元格】命令，单元格为""D"&i"，输出到"temp"，如图 8.13 所示。

步骤 22：添加【写入单元格】命令，将"temp"写入""K"&i"，如图 8.14 所示。

步骤 23：添加【否则执行后续操作】命令，再添加【继续循环】命令，如图 8.15 所示。

步骤 24：添加【读取列】命令，读取"K2"开始所在列的值，输出到"物料编码"，如图 8.16 所示。

步骤 25：添加【打开工作簿】命令，打开已下载的"物料库存清单"表格，输出到"物料库存清单"。

步骤 26：添加【变量赋值】命令，令"j"的值为"2"，如图 8.17 所示。

步骤 27：添加【打开工作簿】命令，打开"积压物资清单"表格，输出到"积压物资清单"。

步骤 28：添加【依次读取数组中每个元素】命令，用"value"遍历"物料编码"，如图 8.18 所示。

图 8.13　【读取单元格】命令属性设置

图 8.14　【写入单元格】命令属性设置

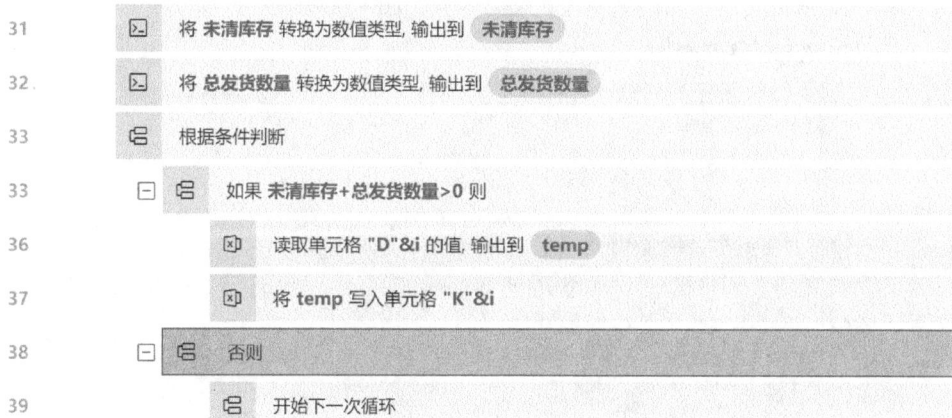

图 8.15　添加【否则执行后续操作】及【继续循环】命令

28	读取单元格 "E"&i 的值, 输出到 未清库存	
30	读取单元格 "G"&i 的值, 输出到 总发货数量	
31	将 未清库存 转换为数值类型, 输出到 未清库存	
32	将 总发货数量 转换为数值类型, 输出到 总发货数量	
33	根据条件判断	
33	如果 未清库存+总发货数量>0 则	
36	读取单元格 "D"&i 的值, 输出到 temp	
37	将 temp 写入单元格 "K"&i	
38	否则	
39	开始下一次循环	
42	读取单元格 K2 开始的所在列的值, 输出到 物料编码	

属性

输出到 ⑦
　中　物料编码 ×

∧ 必选

工作簿对象 ⑦
　Exp　积压物资数据 ×

工作表 ⑦
　Exp　Sheet1

单元格 ⑦
　Exp　K2

显示即返回 ⑦
　Exp　是

图 8.16　【读取列】命令属性设置

31	将 未清库存 转换为数值类型, 输出到 未清库存	
32	将 总发货数量 转换为数值类型, 输出到 总发货数量	
33	根据条件判断	
33	如果 未清库存+总发货数量>0 则	
36	读取单元格 "D"&i 的值, 输出到 temp	
37	将 temp 写入单元格 "K"&i	
38	否则	
39	开始下一次循环	
42	读取单元格 K2 开始的所在列的值, 输出到 物料编码	
43	打开Excel工作簿, 路径为 物料库存清单.xlsx, 输出到 物料库存清单	
44	令 j 的值为 2	

∧ 必选

变量名 ⑦
　中　j

变量值 ⑦
　Exp　2

图 8.17　【变量赋值】命令属性设置

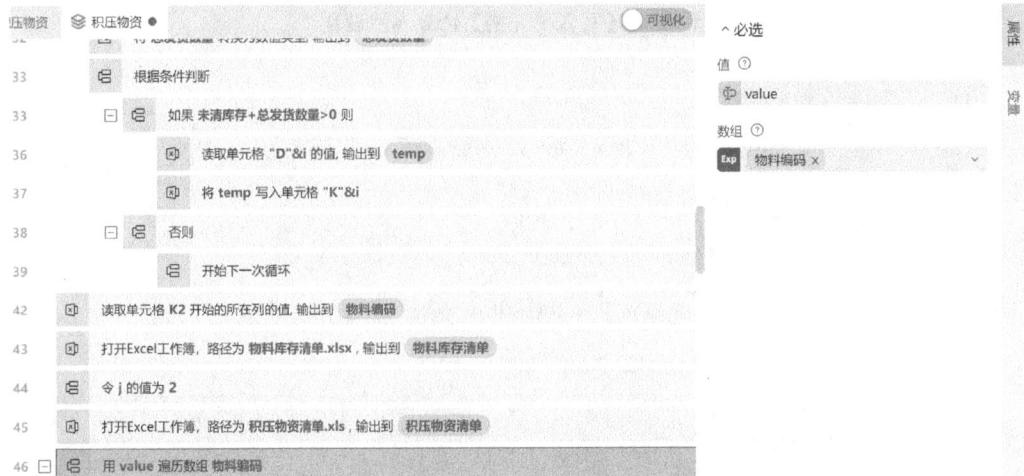

33	根据条件判断	
33	如果 未清库存+总发货数量>0 则	
36	读取单元格 "D"&i 的值, 输出到 temp	
37	将 temp 写入单元格 "K"&i	
38	否则	
39	开始下一次循环	
42	读取单元格 K2 开始的所在列的值, 输出到 物料编码	
43	打开Excel工作簿, 路径为 物料库存清单.xlsx, 输出到 物料库存清单	
44	令 j 的值为 2	
45	打开Excel工作簿, 路径为 积压物资清单.xls, 输出到 积压物资清单	
46	用 value 遍历数组 物料编码	

∧ 必选

值 ⑦
　中　value

数组 ⑦
　Exp　物料编码 ×

图 8.18　添加【依次读取数组中每个元素】命令

步骤 29：添加【查找数据】命令，区域为"A1:J11"，查找"value"，输出到"查找物位置"，如图 8.19 所示。

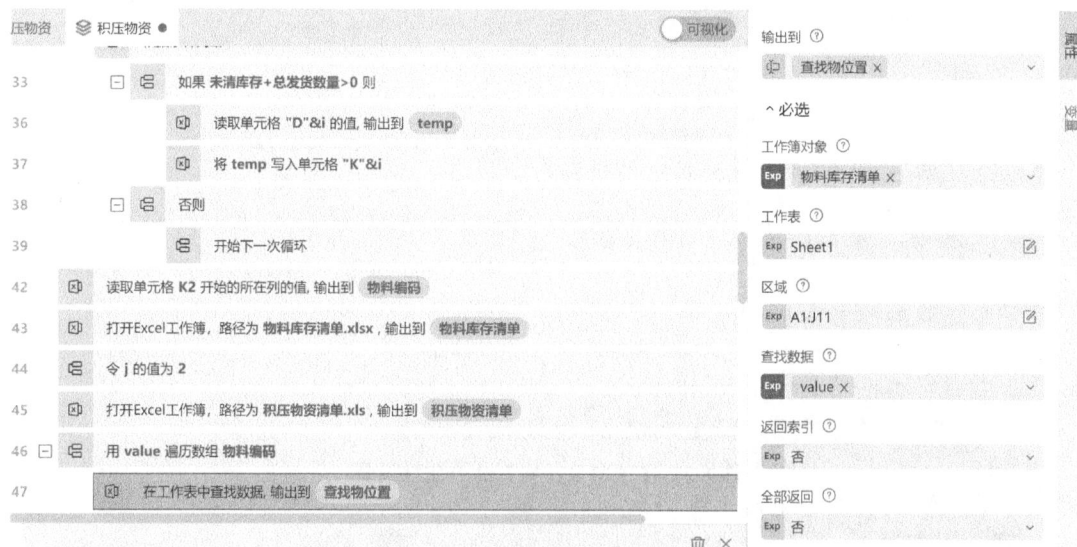

图 8.19　【查找数据】命令属性设置

步骤 30：添加【抽取字符串中数字】命令，目标字符串为"查找物位置"，输出到"查找物行数"，如图 8.20 所示。

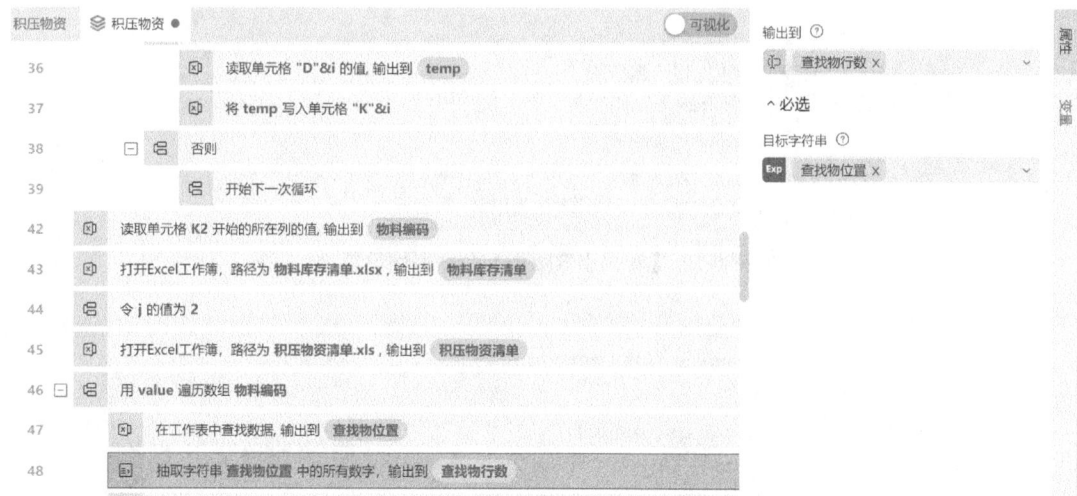

图 8.20　添加【抽取字符串中数字】命令

步骤 31：添加【读取单元格】命令，单元格为""G"&查找物行数"，输出到"库存金额"。

步骤 32：添加【读取单元格】命令，单元格为""E"&查找物行数"，输出到"库存数量"，如图 8.21 所示。

步骤 33：添加两个【转为小数数据】命令，将"库存金额"和"库存数量"分别输出到"库存金额"和"库存数量"，如图 8.22 所示。

步骤 34：添加【变量赋值】命令，变量名为"单价"，"变量值"为"库存金额/库存数量"，如图 8.23 所示。

图 8.21 【读取单元格】命令属性设置

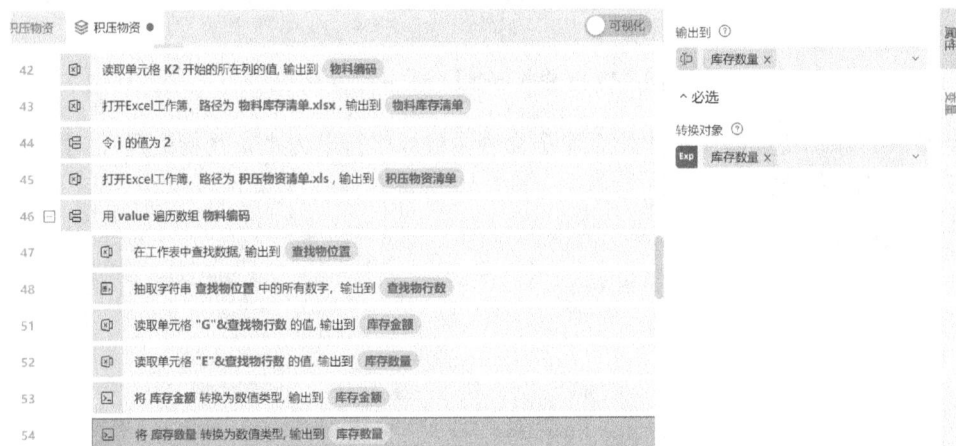

图 8.22 【转为小数数据】命令属性设置

图 8.23 【变量赋值】命令属性设置

步骤 35：添加【查找数据】命令，工作簿对象为"积压物资数据"，区域为"A1:J100"，查找数据为"value"，输出到"查找物位置 2"。

步骤 36：添加【抽取字符串中数字】命令，目标字符串为"查找物位置 2"，输出到"查找物行数 2"。

步骤 37：添加【读取单元格】命令，单元格为 " "H"&查找物行数 2"，输出到"积压数量"。

步骤 38：添加【转为小数数据】命令，将"积压数量"输出到"积压数量"。

步骤 39：添加【变量赋值】命令，"变量名"为"积压金额"，"变量值"为"积压数量*单价"，如图 8.24 所示。

图 8.24　【变量赋值】命令属性设置

步骤 40：添加四个【写入单元格】命令，将 value 写入 " "A"&j"，将单价写入 " "G"&j"，将积压数量写入 " "H"&j"，将积压金额写入 " "I"&j"，如图 8.25 所示。

图 8.25　【写入单元格】命令属性设置

步骤 41：添加【变量赋值】命令，令 j=j+1。

步骤 42：添加【保存工作簿】命令。

步骤 43：添加【模拟按键】命令，模拟按键 "A"，辅助按键 Ctrl。

步骤 44：添加【模拟按键】命令，模拟按键 "C"，辅助按键 Ctrl，如图 8.26 所示。

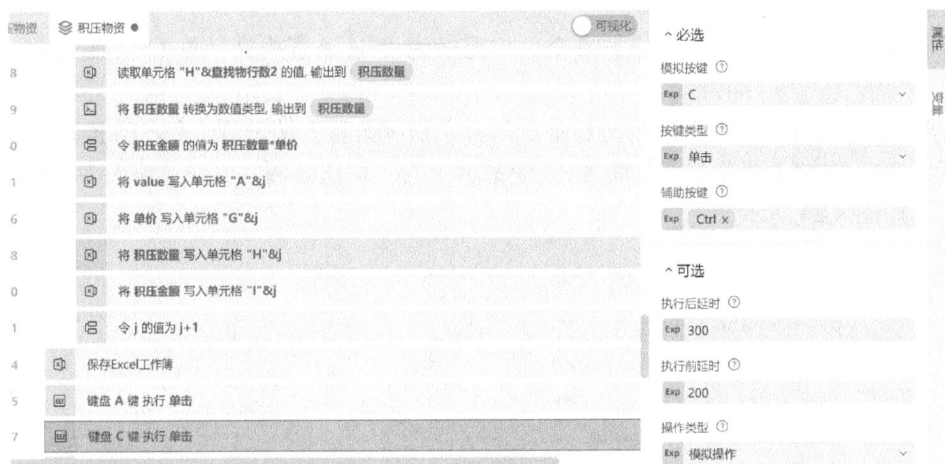

图 8.26　【模拟按键】命令属性设置

步骤 45：添加【启动新的浏览器】命令，"浏览器类型"选择 "Google Chrome"，并在 "打开链接"处输入需要打开的网址，如图 8.27 所示。

图 8.27　【启动新的浏览器】命令属性设置

步骤 46：添加【在目标中输入】命令，分别输入登录账号和密码，并点击 "登录"按钮，如图 8.28 所示。

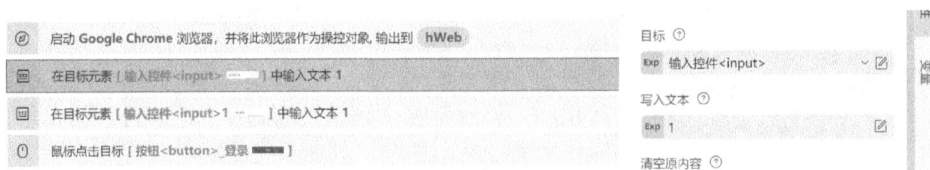

图 8.28　【在目标中输入】命令属性设置

步骤 47：添加【点击目标】命令，选择 "邮件管理"。

步骤 48：添加【点击目标】命令，选择 "写信"。

步骤 49：添加【模拟点击】命令，点击 "正文"处。

步骤 50：添加【模拟按键】命令，模拟按键"V"，辅助按键"Ctrl"。

步骤 51：添加【在目标中输入】命令，在"收件人"处，输入文本收件人姓名，抄送、主题以此类推。

步骤 52：添加【模拟点击】命令，点击"发送"，流程命令设置如图 8.29 所示。

图 8.29　流程命令设置

运行该流程，查看流程运行结果，如图 8.30 所示。RPA 机器人查询下载报表，读取计算，生成积压物资清单，并将最终结果以邮件形式发送至各联系人。

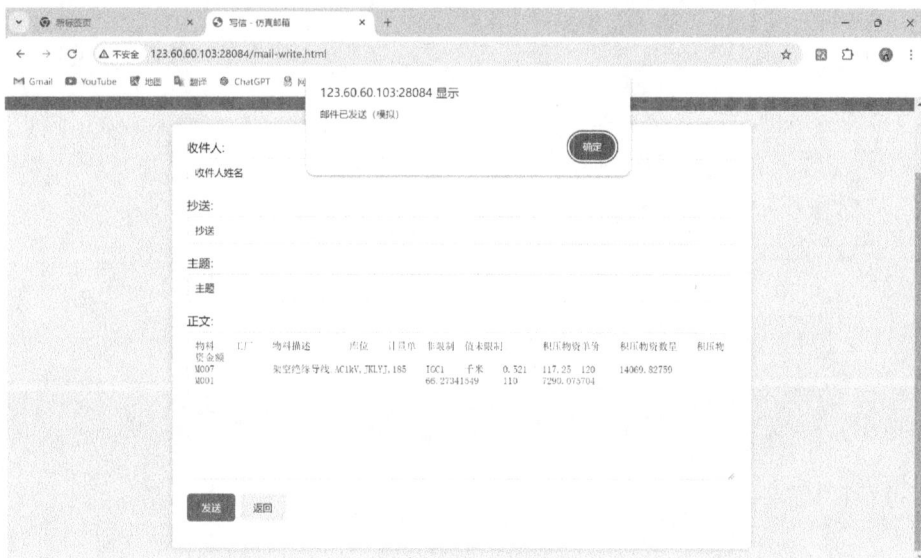

图 8.30　运行结果

参 考 文 献

［1］ RPA 中国：中国 RPA 市场深度分析：2024 年将达到 81.8 亿元 ［EB/OL］. （2021-12-28）. https://17baijiahao.baidu.com/s?id=1720391948379906351.

［2］ Capgemini Consulting. Robotic process automation (RPA) The next revolution of corporate functions ［EB/OL］. （2017-08-31）. https://web.archive.org/web/20170831000000*/https://www.capgemini.com/ consulting-fr/wp-content/uploadssites/31/2017/08/robotic_process_automation_the_next_revolution_of_ corporate_functions.pdf.

［3］ 云扩科技. 浅谈 RPA 在物流行业的应用 ［EB/OL］. （2020-01-06）. https://cloudoct.co/blog/rpa-logistics-case.

［4］ 王言. RPA：流程自动化引领数字劳动力革命 ［M］. 北京：机械工业出版社，2020.

［5］ 微软科技. 懒才是人类技术进步的原动力 ［EB/OL］. ［2018-04-18］.https://www.sohu.com/a/228702 326_181341.

［6］ 梁一纲，王佩瑶. 企业数字员工建设指南：机器人流程自动化（RPA）实践 ［M］. 北京：中国水利水电出版社，2022.

［7］ 程平，褚瑞. RPA 财务机器人：原理、应用与开发 ［M］. 北京：中国人民大学出版社，2022.

［8］ 王佩瑶、李嘉怡. 人人都能开发 RPA 机器人 ［M］. 北京：人民邮电出版社，2024.

［9］ Mahey H. Robotic Process Automation with Automation Anywhere: Techniques to fuel business productivity and intelligent automation using RPA[M]. UK: Packt Publishing, 2020.